아들 공부법

아들공부법

잘 잊어버리고,
딴짓하고, 산만한
남자아이 맞춤 학습법

전투기

우주괴물

전투기2

항공모함

고무로 나오코 지음 | 나지윤 옮김

앤의
서재

시키기 전에 알아서 공부하는
초등 아들 학습법

"어서 숙제하지 못해!"
"도대체 몇 번을 말해야 하니!"
"집에 오면 손부터 씻으랬지!"

아들 키우는 엄마의 일상은 하루하루가 전쟁입니다. 귀에 못이
박히도록 주의를 줘도 듣는 둥 마는 둥, 하루가 멀다 하고 사고를 치

는 아들 때문에 오늘도 엄마의 한숨과 주름은 늘어만 갑니다.

　매일 아들에게 입이 닳도록 신신당부를 해도 툭하면 물건을 잃어버리거나 준비물을 빠뜨리고 학교에 가고, 목욕을 하고 나면 물을 뚝뚝 흘리며 고삐 풀린 망아지처럼 온 집안을 쏘다니기 일쑤지요. 숙제라도 시킬라치면 슬금슬금 꾀를 부리며 어떻게든 놀 궁리에 여념이 없습니다.

　매번 속 터지는 장면을 연출하면서도 정작 당사자인 아들은 천하태평. 따끔하게 혼을 내도 반성의 기미는 손톱만큼도 찾아보기 힘이 드니 엄마는 없던 화병이 생길 지경입니다. 아들을 키우는 일은 왜 이리도 힘든 걸까요?

　답은 간단합니다. 아들에게는 딸과 같은 육아 매뉴얼이 통하지 않기 때문이죠. 딸에게 장난감이나 책을 건네주면 혼자서 얌전히 잘 놉니다. 그러나 행동 범위가 반경 200미터에 달하는 아들에게는 그야말로 희망 사항일 뿐. 천방지축으로 날뛰는 아들이 또 무슨 말썽을 부릴지 엄마는 늘 조마조마합니다. 날마다 아들이 저지른 일을 수습하고 잔소리를 하다 보면 몸과 마음은 금세 파김치가 되고 말죠.

단언컨대 아들 키우는 일은 딸보다 100배는 더 힘듭니다.
(아들을 가진 모든 부모님에게 심심한 위로의 말씀을 전합니다.)

만사가 제멋대로인 사고뭉치 아들을 보며 수없이 참을 인자를 가슴에 새겨도 인내심이 한계에 다다르면 짜증이 폭발하기를 하루에도 수차례. 게다가 본격적으로 학습이 시작되는 초등학교에 입학하면 '유독 우리 아이만 뒤처지는 건 아닐까……' 하는 불안감마저 엄습합니다. 엄마는 매번 기대에 못 미치는 아들 모습에 버럭 화를 냈다가, 이내 후회하기를 반복하죠.

아들이 혼내지 않아도 자기 일을 스스로 하고 공부도 척척 하면 얼마나 좋을까요. 그렇게만 된다면, 엄마는 마음의 여유를 가지고 아이의 재능을 찾고 키우는 일에 더욱 에너지를 쏟을 수 있을 텐데요.

'그런 방법이 과연 있기나 한 걸까?' 하고 의문이 든다면 이 책을 펼쳐보기 바랍니다. 누가 시키지 않아도 아들이 스스로 공부하는 방법을 발견하게 될 것입니다.

저는 일본 가정학습아카데미협회 대표로서 그동안 1만2천 명이 넘는 학부모를 만나 그들이 털어놓는 자녀교육 고민에 귀 기울여 왔습니다. 놀랍게도 5세부터 초등학교 저학년 사이의 남자아이들에 관한 상담이 압도적으로 많았습니다. 이는 여자아이의 4~5배많은 수치에 해당하지요.

저 또한 학원을 운영하고 있기 때문에 남자아이를 다루고 학습시키는 게 얼마나 힘든 일인지 그 고충을 잘 이해합니다. 여자아이에게 말하면 금방 알아듣고 척척 따르는데, 남자아이는 말을 다 듣고도 딴짓을 합니다. 왜 말한 대로 따르지 않느냐고 물으면 금시초문이라는 표정을 지어 보이죠. 공들여 개발한 학습법을 시도해도 남자아이들은 뭐 하나 수월하게 넘어가는 일이 없었습니다. 때문에 초반에는 저의 지도방식에 문제가 있나 심각하게 고민할 정도였어요.

그러나 이후 수많은 아이와 부모를 만나고 상담하면서 깨달았습니다. 아무리 부모가 타이르고 꾸짖어도 남자아이의 행동은 별반달라지지 않는다는 사실을요. 공부라면 더 말할 나위가 없고요.

그렇다고 아들 공부에 대해 아예 신경을 끊어버릴 수도 없는 노릇. 대체 어떻게 해야 할까요?

　남자아이가 공부를 하게 하려면, 스스로 공부하고 싶다는 마음이 들게 해줘야 합니다. 그러려면 남자아이에게 최적화된 공부법을 적용해야 하죠. 오랜 시간에 걸쳐 터득한 남자아이 공부법을 수업에서 활용해봤더니, 시키지도 않았는데 즐겁게 공부에 빠져들더군요. 마치 놀이하듯 말입니다.

　다음은 저의 '남자아이 공부법'을 실천해본 아들 둔 엄마들이 보내온 생생한 후기입니다.

　"예전에는 아들과 사사건건 부딪치며 갈등을 빚었는데 선생님이 추천하신 방법 덕분에 아들이 스스로 공부하기 시작했고 가정에 평화가 찾아왔어요."

　"허구한 날 게임에만 정신이 팔려 제 속을 끓이던 아들이 지금은 누가 말하지 않아도 숙제를 척척 하고 게임도 시간을 정해두고 합니다."

사실 아들의 공부의욕을 끌어올리는 방법은 간단합니다.

1. 아들의 특성을 이해한다

2. 즐겁게 공부하는 방법을 활용한다

3. 규칙을 정한다

이 세 가지가 전부예요.

1. 아들의 특성을 이해한다

딸과 아들을 둔 엄마 중에는 딸을 대하는 방식 그대로 아들을 대하는 경우가 많습니다. 안타깝지만 이것이야말로 아들과의 소통을 가로막는 주된 이유죠. 앞서 말했듯 남자아이에게는 여자아이와 같은 육아법이 통하지 않습니다. 도무지 속을 알 수 없는 외계인과도 같은 아들이지만 그 특성을 이해하기만 하면 아들 키우기가 더는 괴롭지 않을 거예요. 자세한 내용은 1장과 2장에서 소개합니다.

2. 즐겁게 공부하는 방법을 활용한다

남자아이가 즐거움을 느끼는 요인은 지극히 단순합니다. 재미, 도구, 움직임! 이 세 가지를 공부에 활용하면 아들의 학습 태도는 몰라보게 달라집니다. 3장에서 구체적인 노하우를 공개합니다.

3. 규칙을 정한다

이것은 엄마와 아들 사이의 약속이기도 합니다. 초등학교 저학년 전후 남자아이들은 예의범절이나 시간관념 등 사회생활에 필요한 기본적인 태도가 많이 부족한 게 사실입니다. 육아의 최종 목표는 무엇일까요? 아이가 적당한 나이에 자립해 스스로 사회생활을 해나가는 어른으로 성장하는 것이죠. 어릴 적부터 공공의식을 체득한 아이는 자립심 강한 어른이 되어 사회에 나가서도 큰 활약을 할 가능성이 높습니다.

요컨대 아들이 놀이나 공부를 통해 규칙을 정하고 이를 지키는 습관을 들이면 평생에 걸쳐 든든한 자산이 된다는 얘기죠. 자세한 내용은 4장에서 설명하겠습니다.

저 역시 오랫동안 일과 육아를 양립하며 눈코 뜰 새 없이 바쁘게 살아온 엄마입니다. 바쁜 워킹맘도 부담 없이 실천할 수 있는 쉽고 실질적인 노하우를 담았습니다. 모쪼록 아들 키우는 엄마의 스트레스를 덜어주고 육아가 즐거워지는 데 이 책이 도움이 되기를 희망합니다.

· 목차 ·

Part3. 초등 남자아이 성적 올리는 방법 ···

Part4. 아들의 공부의욕을 높이는 생활습관 ·······················

Part1.

엄마는
도무지
이해할 수 없는
아들의 특성

자주 덤벙대고
어리숙해요

"아들이 왜 그런 행동을 하는지 도무지 이해가 안 가요."
"딸은 수월하게 키웠는데 아들은 달라도 너무 달라요."

　　아들 둔 엄마들을 만나면 너도나도 이구동성으로 육아의 고충을 털어놓습니다. 흔히들 남자아이의 기본적인 특성으로 '보지 않는다', '듣지 않는다', '말하지 않는다'를 꼽습니다. 여기에 '잘 잊어버린다'라는 특성까지 더해져 엄마들의 마음 고생은 이만저만이 아닐 거예요.

학교 숙제가 무엇이었는지 잊어버리는 일은 일상다반사. 설령 숙제가 있다는 사실을 기억한다 해도 공책이나 인쇄물을 학교에 홀랑 두고 옵니다. 때로는 무사히 숙제를 마쳐도 학교에 가져가는 걸 깜박합니다. 우여곡절 끝에 학교에 과제물을 가져갔지만, 정작 선생님께 제출하는 걸 잊어버리기도 해요. 그야말로 아들 키우기, 산 넘어 산이죠.

'이렇게 덤벙대고 어리숙한 우리 아들, 정말 괜찮은 걸까?'

아들 가진 부모들이 이런 걱정을 진지하게 하는 것도 무리가 아닙니다. 하지만 안심하세요. 아들은 원래 그런 존재니까요.

아들의 관심은 오로지 '내가 즐거운가'예요
• • •

남자아이에게 무엇보다 중요한 것은 자기평가, 즉 '내가 그걸 해서 즐거운가'입니다. '남이 어떻게 생각할까' 하는 타인의 평가에는 눈곱만큼도 관심이 없습니다. 아무리 중요한 일이라도 재미가 없으면 신기할 정도로 까맣게 잊어버리는 게 남자아이의 특성입니다. 선생님에게 꾸중을 듣거나 친구에게 놀림을 받아도 눈 하나 깜짝하지 않죠.

반면 여자아이는 어떨까요. '준비물을 안 가져오면 모두가 보는 앞에서 망신을 당할지 모르니 빠짐없이 잘 챙기자'라고 생각하는 건 대부분 여자아이입니다. 기본적으로 주변의 평가(타인의 평가)에 민감하기 때문에 내키지 않는 일이라도 무시하거나 잊어버리는 일은 좀처럼 드물어요. 아들과 딸의 사고방식은 이토록 서로 다릅니다.

아들이 외계인이라고 생각하세요

• • •

다음은 제가 10년간 운영 중인 학원에서 만난 남자아이들의 일상적인 모습입니다.

- 책가방에 삼단우산이 들어 있는데도 비 오는 날 쫄딱 비를 맞으며 집으로 달려간다.
- 숙제를 한 사실을 깡그리 잊어버리고 제출하지 않는다.

- 사이즈가 다른 남의 신발을 한쪽만 바꿔 신고 짝짝이로 집으로 돌아온다.

- 야단을 맞는 와중에도 딴생각에 빠져 나중에는 왜 야단을 맞는지조차 까먹는다.

엉뚱하기 그지없는 남자아이들의 행동을 소개하자면 밤을 새워도 모자랄 지경입니다. 아들을 둔 엄마라면, 날마다 이런 일의 반복일 테죠. 그러다 보면 '혹시 내 아들이 어디 모자란 건 아닐까', '내가 아들을 잘못 키우는 건 아닐까' 걱정되기 마련입니다.

기억하세요. 아들은 엄마의 상식으로는 도무지 이해하기 힘든 외계인이나 다름없습니다. 하루가 멀다 하고 상상을 초월하는 말썽을 저지르는 아들 때문에 고민이라면 '아들은 외계인이다'라고 속으로 되뇌어 보세요. 아들의 이런 특성을 아는 것만으로도 엄마의 불안은 크게 줄어들고 마음도 한결 편안해질 겁니다.

Point

아들을 엄마의 상식이 전혀 통하지 않는 '외계인'이라고 생각하세요.

천방지축 산만한
강아지와 같아요

• • •

아들을 동물에 비유해보자면, 어디로 튈지 모르는 '방정맞은 강아지'와 같습니다. 에너지가 넘치고 호기심이 왕성한 탓에 한시도 가만히 있질 못 하고 주변을 탐색하죠. 그나마 얌전해지는 순간이라고 하면 먹거나 잠잘 때뿐. 옷매무새를 다듬어주거나 땀을 닦아주려고 해도 미꾸라지처럼 요리조리 도망다니는 통에 꽁무니를 졸졸 쫓아다니다 보면 진이 빠지고 말죠.

그러다가도 별안간 무슨 바람이 불었는지 엄마 곁을 맴돌며 귀찮게 치근덕거리기도 합니다. 자기를 봐달라고 멍멍 짖는 개처럼 옆에 찰싹 달라붙어 좋아하는 자동차나 영웅 이야기를 신나게 들려주죠. 이야기에 흠뻑 빠진 나머지 목소리 톤은 점점 올라가고요. "소리 좀 낮춰" 하고 타이르면 잠시 얌전해지는가 싶다가도 3분을 채 넘기지 못하고 목소리는 다시 우렁차집니다.

반면 재미있어 보이는 걸 발견하면 순식간에 몸이 근질거리고 엉덩이를 들썩거리죠. 아들은 놀이에 몰두하면 화장실 가는 시간조차 아까워합니다. 쉬는 시간 대신 수업 중에 다급하게 화장실로 달려가는 남자아이가 많은 것도 이 때문이에요. 즐거운 일을 할 때면 급한 생리현상마저 꾹 참을 정도로 무아지경이 되어버리는 아들. 하지만 어쩌면 남자아이들이 지닌 이런 특성이 귀중한 재능일 수 있습니다.

딸 키우기 방식으로 대하면 백전백패예요

• • •

한 가지에 열중하면 다른 일은 안중에도 없는 게 아들의 특성이라면, 딸은 훨씬 의젓합니다. 동물로 비유하자면 눈치 빠르고 야무진

토끼랄까요.

　아침에 "이거 너한테 잘 어울리는데" 하고 말하며 은근슬쩍 옷을 건네면 주위 평가에 민감한 딸은 흔쾌히 입습니다. 시끄럽게 떠들 때 "목소리 좀 낮추렴" 하고 주의를 주면 10~15분가량은 가만히 있을 줄도 알고요. 즐겁게 놀다가도 "이제부터는 화장실에 가지 못해" 하고 알려주면 당장 급하지 않아도 뒷일을 짐작하고 미리 다녀오죠. 이렇듯 같은 나이라도 아들과 딸은 너무나 다릅니다.

　남자아이가 산만하고 덤벙거리는 건 예의범절을 몰라서도, 어딘가 모자라서도 아닙니다. 여기저기 들쑤시고 다니지 않으면 좀이 쑤셔 견디지 못하는 강아지 같은 습성을 지녔기 때문이지요. 엄마들은 자신의 어린 시절과는 하늘과 땅만큼 다른 아들을 도무지 이해할 수가 없습니다. 천둥벌거숭이처럼 사방으로 날뛰며 말썽만 부리는 아들을 보다 못해 따끔히 주의를 줘도 듣는 시늉만 할 뿐.

　어디 그뿐인가요. 고집은 또 얼마나 센지 한 번 발동이 걸리면 물불 안 가리고 뛰어들어 엄마를 기함하게 만들죠. 공부하는 재주는 눈을 씻고 찾아봐도 보이지 않지만, 잔꾀 부리는 재주는 가르쳐주지 않아도 나날이 발전하고요.

　날마다 그야말로 '멘붕'을 겪고 전쟁을 치르면 엄마는 '이 아이가 날 힘들게 하려고 태어났나' 하는 생각마저 듭니다. 하지만 아들은 아무 잘못이 없어요. 단지 개는 토끼가 될 수 없을 뿐이죠. 즉, 딸의 사고방식으로 아들을 대해봤자 소용없다는 뜻입니다.

남매를 키우는 엄마 중에 "딸은 똑똑하고 야무진데 아들은 대체 왜 이럴까요?" 하고 답답함을 호소하는 분이 많습니다. 딸을 키울 때와 너무 달라 힘들다면 개와 토끼 이야기를 기억해주세요. 아들과 딸은 전혀 다른 존재입니다. 이 점을 이해한다면 제아무리 골칫덩어리 아들이라도 있는 그대로의 모습을 받아들일 수 있게 될 겁니다.

♀ Point

아들과 딸은 전혀 다른 존재임을 인정해주세요.

아들은 딸보다
두 살 어리다고 생각하세요

"우리 아들은 뭘 해도 굼벵이처럼 꾸물거려서 보고 있으면 속이 터져요."
"철딱서니 없는 아들 녀석, 대체 언제쯤 의젓해질까요?"

아들과 딸이 다르다고 머릿속으로 수십 번 되뇌어도 만사에 천하태평, 여유만만한 아들의 모습을 보며 속앓이를 하는 엄마가 많습니다.

미취학 아동의 정신 연령은 여자아이가 남자아이보다 높습니다. 인내력, 집중력, 협동심 모두 여자아이가 월등히 뛰어나죠. 만약 딸이 스물두 살에 홀로서기를 한다면 아들은 최소한 스물네 살은 되어야 가능한 셈입니다.

유아기와 초등학교 저학년까지는 아들이 조금 어리숙하고 철없어 보여도 괜찮습니다. 초등학교 고학년 무렵부터는 확연히 달라지니까요. 아들도 가족들 앞에서 입을 꼭 다물고 갑자기 퉁명스러워지기 시작하죠. 엄마 입장에서는 아들의 느닷없는 변화가 낯설고 서운할지 모르나 이는 아들이 자립할 준비를 시작한다는 신호입니다.

그러니 지금은 마냥 철부지 아들 같아도 염려하지 마세요. 초등학교 고학년 이후부터 사춘기가 시작되면 아들은 순식간에 어른스러워질 테니까요.

언젠가 아들을 둔 한 엄마가 "우리 아이는 너무 순진해서 중학생이 돼서도 산타클로스의 존재를 철석같이 믿지 뭐예요" 하고 얘기하는 걸 듣고 상당히 놀랐습니다. 이는 마치 여자아이가 중학생이 돼서도 백마 탄 왕자님의 존재를 믿는 격이랄까요. 남들은 나이가 들면서 저절로 깨닫게 되는 부분을 내 아이만 눈치 채지 못한다면 가볍게 볼 일은 아닙니다.

일반적으로 딸은 아들보다 일찍 산타클로스의 진실을 깨닫습니다. 누가 알려주지 않아도 분위기를 읽는 능력이 뛰어나서 어른들 이야기나 선물 포장지 따위로 어렴풋이 눈치를 채죠.

반면 아들은 상대적으로 눈치가 부족하고 분위기 파악에 서툴러요. 중학생 무렵이 되어서야 조금씩 짐작을 합니다. 그러므로 그전까지는 사회적으로 통용되는 시각을 엄마가 가르쳐줄 필요가 있습니다. 산타클로스의 존재를 믿어도 좋은 건 초등 저학년까지가 적당하니까요.

· · · · · · · · · · · · · · · · · 💡 Point · · · · · · · · · · · · · · · · ·

초등학교 저학년 때까지는 아들이 철없고 조금 어리숙해도 괜찮아요. 초등학교 고학년이 되면 급속도로 어른스러워집니다.

재미를 느끼면
순식간에 빠져들어요

앞에서 말한 바와 같이 남자아이는 본능적으로 재미를 추구합니다.
일단 재미를 느끼면 정신없이 빠져들죠.

- 온종일 동물도감에서 장수풍뎅이 부분만 줄기차게 읽는다.

- 밥 먹는 것도 잊어버리고 모래밭에서 정신없이 구멍만 뚫
  는다.

- 이름을 불러도 못 들을 만큼 블록 놀이에 열중한다.

아들 가진 엄마라면 위의 모습들이 낯설지 않을 거예요. 매사에 시큰둥한 아들도 재미를 느끼는 순간 눈빛이 달라집니다. 한 번 빠져들면 무서운 기세로 몰입하죠. 그래서 "하필이면 공부와는 거리가 먼 것들만 좋아해요" 하며 하소연하는 엄마들도 있습니다. "쓸데없는 일에 시간만 쏟다가 영영 공부와 담 쌓게 되면 어쩌나요" 하고 불안해하기도 하죠.

몰입할 수 있다는 것 자체가 '재능'이에요

• • •

안심하세요. 아들에게 몰입할 만한 무언가가 있다는 것 자체가 엄청난 재능이니까요. 열중하는 대상이 꼭 공부나 운동일 필요는 없습니다. 설령 길에 굴러다니는 돌멩이나 나뭇가지에 빠지더라도 아이가 즐거워한다면 괜찮습니다. 어느 날 그 대상이 바뀌어도 상관없고요.

중요한 건 "무엇을 좋아하니?"라는 질문에 아이가 망설임 없이 대답할 수 있다는 사실입니다. "몰라요", "딱히 없어요" 하고 얼버무리는 것이야말로 걱정스러운 일이죠. 하고 싶고 좋아하는 것이 무엇인지 모르는 아이는 초등학교 고학년 이후부터 성적도 하락세를 보일 가능성이 높습니다.

이는 제가 오랫동안 교육계에서 일하면서 뼈저리게 느낀 사실입니다. 자신이 무엇을 하고 싶은지 모르는 아이는 일이 뜻대로 풀리지 않았을 때, 스스로 해결책을 모색하는 능력이 매우 부족합니다. 심한 경우 부모나 학교, 사회를 탓하며 자신은 잘못하지 않았노라고 피해 의식을 드러내기도 하죠.

이런 일이 반복되면 아이가 등교 거부를 하거나, 무기력한 '은둔형 외톨이'가 되어 온라인 게임 등 인터넷 세상에 빠지기 쉽습니다. 가상 현실에 탐닉할수록 진짜 현실과는 멀어지는 악순환이 생기고 말죠. 하지만 아이에게 열중할 만한 것이 있다면 얘기가 달라집니다.

좋아하는 것이 뚜렷한 아이는 반드시 성장해요

• • •

만약 아이가 학교에 가지 않아도 좋아하는 것이 있다면 다른 선택지가 보입니다. 요리나 노래, 춤을 좋아한다면 관련 학원에 다니거나 해외 유학을 알아볼 수 있죠. 기차를 좋아한다면 동호회에 참가하거나 기차 관련 블로그를 개설할 수 있고요. 그러나 'ㅇㅇ를 해보고 싶다'는 의지는 하루아침에 생기는 게 아닙니다. 어릴 적부터 사소하더라도 무언가에 열중하는 경험을 차곡차곡 쌓아야 형성되죠.

지금 아들이 장수풍뎅이에 빠져 지낸다고 '공부와 동떨어진 일에 불필요한 에너지를 쏟는 건 아닐까' 하고 우려 가득한 시선을 보낼 필요가 없습니다. 아들은 장래에 하고픈 일을 찾기 위해 열심히 경험을 쌓는 중이니까요. 자신이 흥미를 느끼는 일을 충분히 경험해본 아이는 도전을 두려워하지 않습니다. 이렇게 쌓인 도전들이 꿈을 실현하기 위해 노력하는 자발성으로 이어지죠.

아들이 지금 무언가에 열중한다는 것은 '꿈을 스스로 개척하는 어른'이 되기 위한 연습과도 같습니다. 이러한 아이는 반드시 성장합니다. 공부와 상관없다고 가능성의 싹을 잘라버리는 실수를 범하지 마세요.

- 💡 Point -

무언가에 열중할 수 있다는 것이야말로 진정한 재능입니다. 아들의 꿈을 실현하는 기회로 여기고 소중하게 키워주세요.

호기심이 생기면
앞뒤 가리지 않고 달려들어요

열중할 만한 무언가가 있는 아이는 훗날 스스로 꿈을 개척하는 어른이 됩니다. 그리고 무언가에 열중하는 그 과정에서 탐구심을 자극하면, 전문적인 지식을 파고들게 되어 배움을 좋아하는 아이가 될 수 있어요.

남자아이는 받아쓰기나 연산 문제처럼 기계적인 반복에는 쉽게 지루함을 느낍니다. 하지만 흥미가 생긴 일에는 놀라운 집중력을 발휘해 일사천리로 해냅니다. 이러한 특성을 공부에 응용해보세요.

딸이 초등학교에 다니던 시절, 실험실에서 있었던 일을 신기하다는 듯 들려준 적이 있습니다. 남자아이 몇 명이 어른이 들어도 무겁고 두꺼운 도감을 매일 집에서 가져온다고 하더군요. 자기라면 거들떠보지도 않을 광물이나 지층 따위, 지루하고 복잡한 내용을 날마다 눈에 불을 켜고 몇 시간이고 진지하게 읽는다면서 말이에요.

아들의 몰입형 사고방식을 학습에 응용하세요

• • •

남자아이는 재미를 느끼면 무섭게 열중하는 경향이 있습니다. 예를 들어 "돌과 모래는 똑같아" 하고 가르치면 남자아이, 여자아이 할 것 없이 "왜요?"라는 질문이 돌아옵니다. 그러나 이유를 알려주면 여자아이는 "그렇구나" 하고 고개를 끄덕이고 말지만, 남자아이는 순순히 납득하는 일이 없죠. '정말로 돌을 깨트리면 모래가 되는지 해보자!'라며 도전 의식을 불태웁니다.

　이러한 추진력을 저는 '탐구심'이라 부릅니다. 남자아이 중에는 곤충을 키워보겠다며 다짜고짜 집에 가져오거나, 멀쩡한 기계를 분해한다며 산산조각을 내버리고, 까마득히 먼 거리도 자전거를 타고 가서 무엇이 있는지 확인해보는 등 무모하기 짝이 없는 행동을 하는 경우가 많습니다.

이는 '직접 해보자!'라는 마음이 본능적으로 강한 까닭입니다. 때로는 물불 안 가리고 사고를 치는 탓에 엄마의 가슴을 철렁하게 만들기도 하죠. 하지만 따지고 보면 이런 행동은 아들이 타고난 기질대로 잘 성장하고 있다는 증거인 셈이에요.

물론 여자아이에게도 탐구심은 있습니다. 다만 '정말로 돌을 깨트리면 모래가 되는지 해보자'는 마음이 들어도 '돌을 깨서 먼지가 옷에 튀면 엄마가 화낼지도 몰라', '돌을 깨다가 손을 다치면 어쩌지' 등 난처한 일이 생길지도 모른다는 사실을 예상하고 스스로 제동을 겁니다. 하지만 남자아이는 '어떻게 하면 돌이 깨질까?'에만 온 신경을 집중해요. 호기심이 이끄는 대로 일단 저지르고 보죠.

이러한 남자아이 특유의 집중력을 공부에 접목해보는 겁니다. 우선 아들이 무언가를 해보고 싶어한다면 위험한 일이 아닌 한 아낌없이 지원해주세요. 흥미가 생기면 무섭게 몰입해 지식을 쌓아나가는 것이 남자아이들입니다. 좋아하는 일에 열중하다 보면 공부에 대한 재미도 저절로 생겨납니다.

Point

아들의 호기심을 꺾지 말고 쑥쑥 자라게 해주세요. 탐구심을 격려하고 지지하는 것이야말로 공부를 좋아하는 아이로 키우는 지름길입니다.

Part2.

남자아이
성향별
맞춤 육아법 &
공부법

[게임광이에요]
공부에 게임 요소를 가미하세요

1장에서는 딸과는 달라도 너무 다른 아들의 특성에 대해 알아보았습니다. 아들을 있는 그대로 받아들였다면, 그다음 단계로 엄마를 난감하게 만들던 아들의 행동을 이해할 차례예요.

지금까지 어떤 마음으로 그런 행동을 하는지 영문을 알 수 없어 답답하고 힘들었다면, 이제는 그럴 필요가 없습니다. 아들의 행동을 받아들이는 관점을 바꾸면, 엄마의 마음은 한결 편해지고 더나아가 아들의 숨겨진 재능도 꽃피우게 될 테니까요.

엄마 말을 고분고분 따르며 스스로 알아서 자기 일을 하는 아들이 세상에 얼마나 될까요? 틈만 나면 호시탐탐 놀 궁리만 하면서 공부는 하는 둥 마는 둥 하는 모습을 보면, 엄마는 화가 치밀어 올라 한바탕 잔소리를 퍼붓게 됩니다. 스스로 알아서 공부한다면 야단칠 일도 없을 텐데 말이죠.

잊지 마세요. 남자아이는 재미가 우선입니다. 그러니 공부가 재미있다고 느끼게 해주면 그만입니다. 일단 재미만 느낀다면 아이 스스로 공부에 파고드는 건 시간 문제니까요. 남자아이의 기질을 활용해 공부에 재미를 느끼게 만드는 방법으로 다음을 추천합니다.

아들을 공부시킬 때 '게임 요소를 도입한다', '규칙을 세운다', '질문한다' 하는 세 가지를 한 세트로 묶어 적용해보세요. 이를 반복할수록 스스로 알아서 공부하는 기특한 아들이 될 거예요.

한자 공부를 예로 들어보겠습니다.

1. 게임 요소를 도입한다

남자아이는 무언가에 도전하고 성취하는 과정에서 짜릿한 흥분을 느낍니다. 게임이야말로 아들의 도전 의식을 자극하기에 안성맞춤이죠. 한자를 익힐 때도 게임 요소를 도입해서 미션을 완수하듯 공부하게 해보세요. 가령 아이 이름에 '사람 인(亻) 부수가 붙는다면 다음처럼 시작해보는 겁니다.

"사람 인 부수가 들어간 한자를 책에서 누가 먼저 다섯 개 찾나 시합하자! 자, 시작!"

2. 규칙을 만든다

공부에 점수제를 도입하거나 속도를 겨루는 등 승부욕을 자극하는 규칙을 만들어보세요. 아들이 활활 의욕을 불태우며 달려든다면 대성공! 그 뒤부터는 몇 번이고 다시 하겠다며 알아서 공부에 빠져듭니다.

3. 질문한다

게임을 진행하기 전에 "그런데 사람 인 부수는 왜 그렇게 생긴 걸까?" 하고 아들에게 넌지시 물어보세요. 정답이 아니어도 상관없습니다. 함께 생각해보는 행위 자체에 의미가 있으니까요. '왜 그럴까'라는 물음을 스스로 반복하면서 아들은 공부에 더욱 흥미가 생깁니다.

간혹 아들이 위의 질문에 "버섯을 닮아서!"와 같은 다소 유치한 대답을 해도 괜찮습니다. 일단 "그럴 수도 있겠네" 하고 아들의 의견에 공감해주세요. 그런 다음 자연스럽게 "그 밖에 또 어떤 이유가 있을까?" 하고 물으며 생각할 여지를 주면 됩니다.

혹은 "이번에는 엄마가 한 번 찾아볼게" 하고 말을 건네도 좋습니다. 책이나 인터넷을 활용해 유래를 찾아보면서 "사람 인(人)이라는 한자는 사람이 혼자 서 있는 옆모습을 본떠 만들었대" 하고 검색한 내용을 들려주세요. 이런 과정을 반복하면 머지않아 아들도 공부 중에 의문이 생기면 스스로 찾아보고 그 내용을 엄마에게도 들려줄 거예요. 그러면서 자연스럽게 아들은 공부에 흥미를 붙이게 됩니다.

⋯⋯⋯⋯⋯⋯⋯⋯⋯⋯⋯ 🔍 **Point** ⋯⋯⋯⋯⋯⋯⋯⋯⋯⋯⋯

"왜 그럴까?" 하고 물으며 아들과 함께 이유를 찾아보세요. 스스로 배움의 즐거움을 깨달을 수 있어요.

[좋아하는 일에만 몰두해요]
놀면서 배울 수 있게 하세요

한 가지 일에 빠지면 다른 일은 안중에도 없는 게 남자아이입니다. 게임이나 놀이에 정신이 팔려 공부는 뒷전인 아들 앞에서 엄마 속은 까맣게 타들어 가곤 하죠. 아들에게 이런 특성이 두드러진다면 흥미를 느끼는 대상을 활용해 공부에 재미를 붙이는 방법을 찾아보세요.

아들이 장수풍뎅이에 푹 빠졌다고 해볼까요. 아들과 함께 동물도감을 펼쳐보세요. 우리나라의 장수풍뎅이와 세계의 장수풍뎅이 모습이 얼마나 다른지, 서식하는 지역의 기후는 얼마나 다른지 찾아보는 겁니다. 내친김에 세계지도도 펼쳐서 장수풍뎅이가 분포하는 국가들을 조사해보세요. 과학에서 지리 영역까지 아들의 관심이 확장됩니다. 알록달록한 국기들을 대조해보면서 풍부한 색감도 키울 수 있고요.

만약 아들이 〈포켓몬스터〉 게임을 좋아하는 아이라면, 캐릭터와 연관된 이야기를 나누어보세요. "그거 아니? 피카츄가 발사하는 전기는 신령님이 울린다고 해서 '천둥(かみなり)'이라는 이름이 붙었대" 하는 식으로 말을 걸어보는 거예요.

혹은 "〈포켓몬스터〉 만화는 전 세계적으로 방영되는 거 알고 있니? 네가 좋아하는 피카츄는 다른 나라에서도 똑같이 부를까, 아니면 다른 이름으로 불릴까? 함께 찾아보자" 하고 대화의 범위를 넓혀가도 좋습니다.

엄마 말을 듣고 흥미가 생긴 아들은 궁금한 점을 찾아보는 일에 재미를 붙입니다. 처음이 어렵지 일단 재미를 느끼면 학습에 의욕을 보이는 건 시간 문제죠. 남자아이에게 자신이 좋아하는 것을 배우는 일은 너무나 즐거우니까요.

아들이 어떤 일에 흥미를 느꼈다면 엄마가 적극적으로 참여해보세요. 옆에서 "이건 왜 그럴까? 한 번 알아보자!" 하고 엄마가 관심을 보이면 아들도 덩달아 배움의 세계에 빠져듭니다.

책상에 자리 잡고 앉아서 하는 것만이 공부가 아니에요. 스스로 궁금한 것을 찾고 알아보는 행위야말로 공부의 기본임을 잊지 마세요.

아들에게는 한 번에 하나씩! 욕심내지 마세요

• • •

아들이 공부에 차츰 흥미를 보이면 엄마는 이 기회를 놓칠세라 "한 자에 관심이 생겼다면 이번에는 영어 단어도 한 번 외워볼까?" 하고 슬슬 욕심을 내기 쉽습니다. 이런 엄마들의 심정은 충분히 이해하지만 조바심은 금물입니다.

남자아이는 한 가지 일에 집중적으로 파고들기에는 능하지만 여러 가지를 동시에 하는 멀티태스킹에는 서툽니다. 여러 공부를 동시에 시켰을 때 딸보다 효과가 떨어지는 이유도 여기에 있죠. 아들의 학습능력을 키우려면 흥미를 느끼는 대상 하나에 철저히 파고들 수 있도록 기회를 주는 게 효과적입니다.

흥미를 느낀 일에 아들이 깊게 몰두할수록 관련 지식이 풍부해지는 동시에 이해력도 높아지죠. 참고로 두루두루 적당히 잘하는 것보다 한 가지라도 월등한 특기가 있는 것이 아이가 성장해서 사회에 나갔을 때도 유리합니다.

　남자아이에게는 스스로 흥미를 보인 것에 자주 노출시켜주고 깊이 탐구할 기회를 주는 게 필요해요. 궁금한 점을 스스로 알아가는 일이 습관이 되면, 아들과 엄마 모두 공부란 즐거운 것임을 깨닫게 될 거예요.

학습에 놀이 요소를 가미하면 자연스레 공부가 즐거워집니다.

[남들이 모르는 분야에 흥미를 느껴요]
마음껏 배우게 하세요

곤충, 자동차, 별자리, 로봇……. 남자아이의 관심 영역은 실로 무궁무진합니다. 그러나 간혹 다른 아이들 사이에서 유행 중이거나 관심이 집중되는 분야에 자기 아들도 흥미를 갖기를 바라는 부모들이 있습니다.

혹은 모처럼 아들이 흥미를 보여도 "별자리 같은 건 4학년이 된 뒤에나 배우는 거야" 하는 식으로 아이의 탐구심을 싹 틔울 귀중한 기회를 잘라버리기도 합니다. 당부하건대 아이가 좋아하는 것을 가로막지 마세요. 좋아하는 것을 마음껏 배우게 해주세요.

초등학교 1학년 아들이 수학을 잘하면 2학년 수학에 도전하게 하세요. 영어를 잘하면 토익이나 토플에 도전하도록 해도 좋습니다. 아들이 좋아해도 엄마가 평소 자신 없는 과목이거나 잘 모르는 분야는 아들의 관심에 소극적으로 대처하거나 감당하기 버거워 하는 경향이 있습니다.

하지만 아들의 욕구를 외면해버리면 아들은 성장할 기회를 놓치게 됩니다. 엄마가 적극적으로 배움의 물꼬를 터주세요. 아들은 스펀지가 물을 흡수하듯 거침없이 지식을 습득하는 놀라운 능력을 발휘합니다.

제가 운영하는 학원에는 영어검정시험(일본의 영어능력검정시험—옮긴이) 3급을 딴 미취학 아동이 꽤 많습니다. 실력이 뛰어난 아이는 준2급 시험에도 거뜬히 합격할 정도예요.

'유치원생이 무슨 영어시험이야' 하고 선을 그어버리면 모처럼 아들에게 생긴 의욕의 싹을 잘라버리는 격입니다. 흥미가 생겼을 때야말로 아들의 학습능력을 높일 절호의 기회입니다. 아들이 자신감을 가지고 새로운 세계에 도전할 수 있도록 아낌없이 지원해주세요.

좋아하는 것을 원하는 만큼 경험한 아이는 대학수학능력시험을 준비할 때도 유리합니다. 시험에 필요한 모든 과목들을 골고루 잘했으면 하는 게 부모 마음이겠지만, 그중에 2과목이라도 뛰어나면 대학입학 가능성은 높아져요.

실제로 제 아이도 영어와 과학은 상위권이지만 수학은 하위권이었는데, 꽤 괜찮은 대학에 입학했답니다. 제가 운영하는 학원에 다니던 어느 학생도 과학은 영 젬병이었지만, 이름만 대면 알만한 유명 대학에 입학했어요. 다시 말해 모든 과목을 완벽하게 잘하라고 아이를 다그칠 필요가 없다는 뜻입니다.

'골고루 잘한다'라는 말은 결국 '아무것도 못한다'는 말과 같습니다. 10년간 학원을 운영하며 수많은 아이들을 만나고 가르치면서 깨달은 사실이죠. 수학 실력은 별로지만 영어만큼은 확실히 할 수 있는 아이가 수학과 영어 모두 적당히 잘하는 아이보다 사회에 나가서 두각을 나타낼 가능성이 더 높습니다.

펼쳐진 손수건이 있다고 생각해보세요. 우리는 들어 올릴 때 가운데를 단단히 잡고 네 모서리를 동시에 들어 올리려고 합니다. 네 모서리 중 어느 한쪽만 들어 올려도 손수건은 올라가는데 말이죠.

처음에는 나머지 모서리가 바닥에 닿지만, 한쪽 모서리를 보다 높이 들면 결국 모든 모서리가 올라갑니다.

아들의 공부도 마찬가지입니다. 보통 엄마들은 아들이 뒤처지는 과목에 보다 더 관심을 두기 마련입니다. 그러나 이러한 방식은 아들의 공부의욕을 꺾는 부작용을 초래할 가능성이 매우 높습니다.

아들이 못하는 과목이 아니라, 잘하는 과목에 초점을 맞추세요. 좋아하고 잘하는 분야가 있다면 그만큼 아들이 칭찬받을 기회가 많아집니다. 칭찬받은 아이는 더욱 그 일에 몰입하게 되고 성과를 올려 인정을 받는 선순환이 생기죠. 한 분야에서 두각을 나타내며 자신감을 얻으면 아이는 모든 일에 적극적으로 도전하려는 의지가 생깁니다.

아들이 좋아하고 잘하는 것이 있다면, 그게 무엇이든 상관하지 말고 아낌없이 지원해주세요. 엄마가 잘 모르고 학교에서 아직 배우지 않은 분야라도 아들이 즐겁게 몰입한다면 키워줘야 할 재능입니다.

엄마가 관심 분야를 인정해주고 지지해주면, 아들은 또래를 훨씬 뛰어넘는 수준까지 발전할 가능성이 높습니다. 철저히 파고들어 그 분야에 전문가가 되죠. 성과를 내고 인정받은 경험은 인생을 살아가는 데 커다란 자신감으로 작용합니다.

연령별 배움이란 따로 없습니다. 아들이 좋아하는 것을 즐겁게 배우고 더 넓은 세계로 나가도록 이끌어주세요.

························· ♀ Point ·························

좋아하는 것을 배우는 데 나이는 상관없어요. 아들이 마음껏 접하고 배울 기회를 주세요.

[공부 중에 딴청을 부려요]
학습능력을 키울 기회로 만드세요

숙제 좀 하라고 책상 앞에 앉히면 보란 듯이 딴청을 부리는 아들. 엄마는 속이 부글부글 끓어오릅니다. 받아쓰기를 하면서도 집중하지 않고 공책 귀퉁이에 그려진 수박 그림에 공연히 색칠을 하거나 연필을 팽이처럼 빙글빙글 돌리고……. 진도는 좀처럼 나가지 못한 채 세월아 네월아 하염없이 시간만 흐릅니다.

가끔은 엄마를 골탕 먹이려고 일부러 저러나 싶어 울화통이 터지고, 결국 아들에게 "제대로 못 해!" 빽 소리를 지르고 말죠. 이해 못 하는 바는 아닙니다. 아무리 아들이 좋아하는 것을 마음껏 하게 해야 한다지만 학생의 본분인 숙제까지 소홀하면 곤란하니까요.

그러나 알아두세요. 사실은 아들의 딴청이야말로 학습능력을 높일 절호의 기회라는 것을요. 아들이 공부하면서 툭하면 샛길로 샌다면, 그 점을 공부에 활용해보세요. 수박 그림에 열중한다면 "그러고 보니 수박은 언제가 제철일까?", "수박은 채소일까, 과일일까?"와 같은 질문을 건네보세요. 자연스럽게 아들의 관심을 학습의 영역으로 끌어들이는 거죠.

딴청은 더 깊이 탐색하고 상상력을 키울 기회를 제공해요

• • •

"그럴 시간 있으면 빨리 숙제나 끝냈으면 좋겠어요. 저도 청소며 저녁 준비며 해야 할 일이 산더미라고요" 하고 항변하고 싶은 엄마들이 많을 거예요. 하지만 아들이 질문의 답을 찾는 데는 그리 많은 시간이 들지 않습니다.

인터넷으로 검색해서 수박이 8월에 수확한다는 사실을 알아낸 후 저녁 식사까지 20분가량 시간이 남았다면 이렇게 해보세요. "수박을 가장 맛있게 먹을 수 있는 시기는 8월이라고 하네. 자, 열심히 숙제 끝내고 얼른 밥 먹자" 하고 제안하는 거예요. 일단 호기심이 충족된 아이는 시간 내에 숙제를 끝마치려고 노력합니다.

"수박이고 뭐고 숙제나 해!" 하고 윽박지르기부터 하면 아이에게 자유롭게 관심의 폭을 넓힐 기회가 단절되고 맙니다. 모처럼 생긴 학습 기회가 물거품이 되는 셈이죠.

딴청은 아들의 상상력을 높여줄 기회를 주기도 합니다. 무언가에 파고들어 자유롭게 영역을 확장하며 탐구하는 아이는 상상력이 풍부해져 다양한 아이디어가 샘솟습니다. 반면 남들 다 하는, 판에 박힌 공부만 해온 아이는 상상력이 빈곤한 탓에 미래 사회를 살아가는 데도 어려움을 겪을 공산이 크죠.

딴청을 잘 부리는 아이들에게는 상상력을 키우겠다고 일부러 시간과 에너지를 들일 필요가 없습니다. 날마다 자투리 시간을 활용해도 충분합니다. 숙제 시간에 아들이 샛길로 빠질 때마다 이를 배움의 기회로 연결하세요. 아들의 지식과 탐구력이 무럭무럭 자라납니다.

수박에 대해 알아보다 보면, 아들의 관심이 수박을 먹는 곤충으로 자연스레 옮겨지기도 합니다. 곤충을 찾다가 우리나라, 더 나아가 전 세계 기후에 눈을 돌리게 되고, 지구온난화를 조사해보다가 멸종위기종까지 관심 영역이 넓어질지도 모를 일이죠.

이처럼 딴청은 다양한 지식을 습득하고 학습능력을 키울 기회입니다. 집중하지 못한다고 질책하기 전에, 그것이 배움을 확장하는 과정이라는 사실을 받아들이고 느긋하게 지켜봐 주세요.

Point

아들의 딴청은 학습능력을 키울 절호의 기회! 공부와 접목해 관심의 싹이 자라게 해주세요.

[못 말리는 수다쟁이예요]
대화에 학습요소를 더해주세요

"아들과 도란도란 자주 이야기를 나눌 수 있다면 좋겠지만, 육아 말고도 해야 할 일이 산더미라 시간이 너무 부족한데 어떻게 해야 할까요?"

엄마는 할 일이 산더미라 종일 참 바쁩니다. 아들만 바라볼 수는 없는 노릇이죠. 그렇다면 평소에 아들과 나누는 대화를 조금씩만 바꿔보세요. 숙제 봐주는 시간을 무리하게 늘리거나 따로 시간을 내지 않아도 됩니다. 하루 단 5분만으로도 아들이 부쩍 달라진 모습을 보여줄 테니까요. 여기서 포인트는 아들이 좋아하는 것에 학습요소를 가미하는 겁니다.

아들의 지적 호기심을 자극하는 말을 해보세요

• • •

예를 들어, 아들이 울트라맨을 좋아한다고 해볼까요. 울트라맨의 키는 약 50미터입니다. 이 사실을 토대로 아들에게 넌지시 이런 말을 건네 보세요.

"울트라맨은 키가 10층 건물만큼 크단다."
"너만 한 아이들을 무려 52명이나 위로 세워야 울트라맨 키랑 같아지는 거야."
"울트라맨 몸무게는 약 3만5천 톤이라는데 얼마나 무거울까?"

나뭇가지 수집이 취미인 아들이라면 다음과 같이 말해보세요.

"이 나뭇가지는 길이가 얼마나 될까?"
"이 나뭇가지는 무게가 얼마나 될까?"

"이 나뭇가지를 위로 몇 개 세우면 네 키와 같아질까?"

"이 나뭇가지를 몇 개 합쳐야 네 몸무게와 같아질까?"

위와 같이 일상적인 대화에서 가볍게 공부요소를 곁들이면 아이는 즐겁게 수학을 받아들입니다. 높이, 무게 등 수학적 단위와 개념에 친숙해지는 건 덤이죠. 엄마와 함께 답을 찾아봐도 좋고 시간이 부족하면 스스로 알아보게 하고 나중에 "대단하다. 우리 아들 열심히 알아봤네" 하고 칭찬을 해줘도 좋습니다. 스스로 노력한 일에 칭찬을 받은 아이는 더욱 의욕을 불태우며 배움을 즐기게 되죠.

시사 정보를 적절히 활용하세요

• • •

아들이 학년이 올라갈수록 다양한 시사 정보도 활용해보세요.

"이번에 올림픽이 열릴 예정인데 얼마나 많은 국가가 참여할 예정일까?"

"요새 편의점이나 가게에 외국인 직원이 부쩍 늘었는데 이유가 뭘까?"

부모와 평소 대화를 하면서 시사 이슈에 대해 자연스럽게 이야기를 나눈 아이는 사고력이 몰라보게 향상됩니다. 다만 아이와 나누는 대화마다 일일이 학습과 연관된 주제를 넣어야 한다는 강박관념을 가질 필요는 없습니다. 엄마는 공부를 가르치는 교사나 전문가가 아니니까요. 아이가 배움의 즐거움을 느끼도록 이끌어주는 것만으로도 충분합니다.

공부는 학교나 학원에서도 충분히 할 기회가 있습니다. 다만 학교에서는 중하위권 학생들 수준에 맞춰 교육하는 까닭에 지루함을 느끼는 학생도 적지 않죠.

반면 가정에서는 아이의 흥미나 이해도에 따라 맞춤형 대화가 가능합니다. 공부에 흥미를 가질 계기를 엄마나 아빠가 만들어줄 수 있다는 말이죠.

배움의 즐거움을 아는 남자아이는 누가 말하지 않아도 스스로 공부합니다. 아들에게 배움의 즐거움을 끌어내는 것이야말로 최고의 가정학습법인 셈이죠.

[공부를 못해요]
부모가 공부에 관심을 보여주세요

아들의 학습능력에는 자신의 타고난 재능보다 부모의 역할이 더 크게 영향을 미칩니다. 부모의 머리가 뛰어나야 한다는 얘기가 아니에요. 부모 스스로 배움에 즐거움을 느끼느냐가 중요하다는 것이죠.

"저는 어릴 적부터 공부에 소질이 없었어요", "살림하고 아이 키우기도 바빠서 책상에 앉아 공부할 여유가 없어요" 하고 호소하는 엄마들도 있을 거예요. 공부에 흥미를 느끼는 엄마들에게 공통적으로 나타나는 행동이 있습니다. 바로 아이가 학교를 들어가면 교과서를 본다는 것입니다.

단지 이뿐입니다. 엄마가 직접 교과서에 나오는 문제를 풀지 않아도 됩니다. 그냥 가볍게 읽어보기만 해도 충분해요. 사실 별것 아닌 듯 보이지만, 교과서를 보는 엄마와 보지 않는 엄마, 어느 쪽 아이가 학습능력이 뛰어날까요? 전자가 압도적입니다.

공부 못하는 아이의 엄마는 교과서에 관심이 없어요

• • •

아이가 새 학기가 되어 교과서를 가져와도 본체만체하는 엄마가 적지 않습니다. 이는 '나는 공부에 전혀 흥미가 없다'는 메시지를 은연 중에 아이에게 전달하는 격입니다. 안타깝지만 이런 엄마를 보며 자란 아들의 학습능력이 높을 가능성은 상당히 낮죠.

큰맘 먹고 비싼 참고서를 사준들 아들이 스스로 알아서 펼쳐볼 리 만무합니다. 무턱대고 책을 읽히기 전에 아들이 그때 무엇을 배우는지에 관심을 가지세요. 엄마가 아들의 학교 공부에 흥미가 있음을 보여주면 아들도 자연스럽게 학교 공부에 흥미를 느끼게 됩니다.

모든 교과서를 독파해서 아들에게 가르치라는 뜻이 아닙니다.

엄마에게도 자신 없는 과목은 많이 있을 테니까요. 대신 아들에게 넌지시 이렇게 말해보세요.

"엄마한테도 가르쳐줄래?"
"요즘은 이런 걸 배우는구나. 엄마 때랑은 제법 다른걸."

이런 말만으로도 아들은 엄마가 공부에 흥미가 있음을 느낍니다. "엄마도 알고 싶은데 좀 알려줄래?" 하는 말도 효과적이죠. "오늘 이 한자 배웠어요!" 하고 아이가 말하면, "대단한데! 어떤 순서로 쓰는지 가르쳐줘" 하고 말해보세요. 새로운 계산법이나 생물 이름을 배워왔을 때도 "엄만 잘 모르는데 어떤 내용이야?" 하고 이야기해보세요.

남자아이는 기본적으로 자기 주도적 성향이 강합니다. 수동적으로 남에게 가르침을 받을 때는 지루해서 몸을 배배 꼬던 아이도 남을 가르쳐주는 입장이 되면 눈빛을 초롱초롱 빛내며 열변을 토하죠. 엄마가 공부를 잘했는지 못했는지, 지식이 많은지 적은지는 관계가 없습니다. 기억하세요. 공부에 흥미를 보이는 엄마의 말 한 마디에 아들의 학습의욕이 달라진다는 사실을요.

아이는 부모의 행동을 따라해요

• • •

엄마가 공부에 흥미가 있음을 다른 형태로 전달하는 방법도 있습니다. 무언가에 열중하는 모습을 아들에게 보여주는 거죠.

아들은 우리가 상상하는 것 이상으로 부모의 영향을 받는 존재랍니다. 영어가 친숙한 가정의 아이가 자연스럽게 영어를 익히고, 음악을 즐기는 가정의 아이가 자연스럽게 악기를 연주하게 되듯이 말이죠.

아들이 스스로 공부를 하기 바라나요? 그렇다면 엄마가 평소에 공부하는 모습을 보여주면 됩니다. 날마다 아들에게 공부하라고 잔소리를 퍼부어대면서 정작 자신은 텔레비전이나 스마트폰 삼매경이라면 어떨까요? 애당초 그런 환경에서 아들이 공부 잘하기를 기대하는 자체가 말도 안 되는 얘기죠.

부모가 요리나 운동을 좋아하면 아이도 요리나 운동에 흥미를 갖게 되듯, 아이가 공부하기를 바란다면 부모부터 공부하는 모습을 보여주세요. 두꺼운 참고서나 책을 쌓아놓고 억지로 문제를 풀거나 글자를 읽으라는 말이 아닙니다. 무엇이든 좋으니 아이 앞에서 진지하게 몰입하는 모습을 보여주세요. 그것만으로도 아이에게 전하고자 하는 메시지는 충분히 전달됩니다.

만약 우체국에서 우편물을 분류하는 일을 한다면, 얼마나 효율적으로 분류할지 고심해보세요. 직장에서 사무를 본다면, 다른 사람들에게 유용한 자료를 어떻게 알기 쉽고 깔끔하게 만들 수 있을지 연구하면 됩니다.

꼭 업무가 아니라도 좋습니다. 집에 있는 물건을 중고로 팔고자 한다면 어떻게 하면 비싸게, 빨리 판매할지 인터넷으로 조사하세요. 이처럼 일상생활에서 부모가 아이에게 진지하게 몰두하는 모습을 보여줄 수 있는 기회는 무척 많습니다.

부모가 무언가에 집중하는 모습을 보여주면, 아들도 긍정적인 자극을 받아 부모의 그런 모습을 본받게 됩니다. 단, 전제가 있어요. 부모가 평소 아이에게 믿음직스러운 존재여야 합니다. 승진을 빨리하고 돈을 많이 번다고 부모가 아이의 신뢰를 받는 건 아니죠. 아들에게 말하는 바를 부모도 평소에 실천하세요. 그래야 부모 말에 설득력이 생깁니다.

"엄마도 궁금하네. 좀 가르쳐줄래?" 엄마가 공부에 흥미를 갖는 모습을 아들에게 보여주세요.

[매사에 덜렁대요]
아들의 미래 모습을 상상하세요

"우리 아들은 공부는 고사하고 생활습관이 올바르지 못해 걱정이 태산이에요"

이런 고민을 털어놓는 엄마들도 많습니다. 잠옷 차림으로 태연히 학교에 가려는 아이. 칠칠치 못하게 밥알을 여기저기 흘리며 먹는 아이. 옷을 뒤집어 입고 신발을 짝짝이로 신고 집을 나서는 아이……. 엄마는 오늘도 아들의 철딱서니 없는 행동에 한숨이 절로 나옵니다.

짜증이 치밀어 올라 입에서 모진 소리가 나올 것 같다면, 잠시 눈을 감고 아이의 미래를 떠올려보세요. 일단 다른 생각을 하는 것만으로도 한결 화가 누그러질 겁니다.

저는 아이를 훈계해야 할지 판단이 잘 서지 않을 때, 아이가 커서 사회인이 된 모습을 상상해보곤 합니다. '그래, 그 무렵이면 스스로 잘 해낼 거야' 하는 생각이 들면 그냥 넘어가죠. 그런 과정을 반복하니 아이에게 짜증을 내는 일이 확연히 줄어들었습니다.

각자 아들의 모습을 상상해보세요. 현재 엄마들이 못마땅해 하는 행동을 아들이 어른이 되어서도 계속 할까요? 지금은 아들이 대책 없는 말썽꾸러기라도 사회에 진출할 나이가 돼서까지 그러는 경우는 드물죠.

대학생이 됐을 때 학점관리에 소홀해 졸업에 대한 위기감을 느끼면 알아서 과제를 제출할 테고, 좋아하는 여자친구가 식습관을 지적하면 단번에 고칠 거예요. 주변에서 주의를 주지 않아도 나이가 들면 자연스럽게 부족한 점을 깨닫고 달라지죠. 그러니 아들이 어른이 된 뒤에도 지금과 같은 모습일 거라고 걱정하지 마세요. 대부분은 시간이 해결해줍니다.

아들이 숙제할 때 옆에 딱 붙어 앉아 사사건건 참견하는 엄마가 있습니다.

"글자를 비뚤비뚤 쓰면 어떡하니."

"네모 칸 밖으로 글자가 나가지 않게 해야지."

물론 아들이 올바른 공부습관을 들이기를 바라며 건네는 말이겠지만, 이럴수록 아들은 의기소침해져서 의욕을 잃고 맙니다. 엄마의 지나친 간섭과 잔소리는 아들을 무기력하게 만들거나 반항심을 키울 뿐이죠. 게다가 엄마가 아이 숙제에 세세하게 신경 쓸 필요는 없습니다. 숙제를 확인하는 사람은 선생님이지 엄마가 아니니까요.

아들이 못한 일을 지적하기보다 잘한 일을 칭찬해주세요. 결과보다 아들이 열심히 노력한 태도를 격려해주는 것이야말로 부모가 할 일입니다.

물론 사고가 나거나 크게 다칠 위험이 있는 다급한 상황이라면, 단호하게 제지해야 합니다. 하지만 그런 경우가 아니라면 아들의 행동에 당장 가치 판단을 내리지 마세요. 지금은 다소 미숙해도 성인이 되면 바르게 생활할 테니까요.

·· ♀Point ··

당장은 덤벙대고 서툴러도 아들도 어른이 되면 달라집니다. 느긋하게 여유를 가지고 아들의 모습을 따뜻하게 지켜봐 주세요.

[잘 울어요]
스스로 선택할 수 있는 일을 만들어주세요

'아들이 자주 서럽게 울음을 터트립니다'. 이럴 때 어떻게 하는 게 좋을까요? 여러 가지 대응법이 있겠지만 아들의 자립심을 키워주고 싶다면, '아무것도 하지 않고 가만히 지켜보기'가 정답입니다.

아들이 길에서 넘어져서 울고 있다고 해볼까요? 이때 아들의 자립심을 키우는 데 효과적인 부모의 대응은 다음과 같습니다. "넘어져서 아프겠구나" 하고 일단 공감을 해준 다음, "이제 어떻게 하고 싶어?" 하고 물어보세요. 이때 핵심은 아이 스스로 생각할 기회를 주는 것이죠. "꼭 안아주세요" 하고 말하면 안아주면 됩니다. "반창고를 붙여주세요" 하고 말하면 반창고를 붙여주면 되고요.

부모가 미리 알아서 챙겨주지 마세요

• • •

아이가 울 때 최악의 대처는 먼저 요청하지도 않았는데 부모가 뭐든지 미리 해주는 것입니다. 얼핏 보면 상대를 배려하는 행동으로 보이겠지만, 부모가 미리 도와주면 아이는 스스로 마음을 추스르고 문제를 해결할 기회를 박탈당하게 됩니다.

마음을 다스리는 습관을 익히지 못한 남자아이는 어른이 된 뒤에도 학교생활이나 사회생활을 할 때 어려움을 겪기 쉽습니다. 몸만 훌쩍 자랐지 마음은 응석받이 어린애 상태니까요. 만족스럽지 못한 결과를 얻으면 이를 받아들이지 못하고 남에게 책임을 전가해버리죠.

뭐든지 엄마가 나서서 챙겨주는 게 당연해지면, 일이 잘못되었을 때 아들은 다음과 같이 무조건 엄마 탓을 하게 될 거예요.

"엄마가 챙겨주지 않아서 물건을 잃어버린 거야!"
"엄마가 이 학교에 지원하라고 했는데 떨어졌으니 책임져!"

"엄마가 맛없는 걸 주문해서 안 먹는 거야!"
"엄마가 깨우지 않아서 지각했잖아!"

이런 원망을 들을 바에야 처음부터 아들 스스로 선택하게 하는 편이 백배 낫습니다. 진심으로 아들이 제대로 성장하기를 바란다면, 7세 이후부터는 부모가 미리 나서서 해주지 마세요.

요즘 혼자서는 아무 결정도 내리지 못하는 아이들이 부쩍 늘었습니다. 이는 어릴 적부터 스스로 무언가를 결정하는 습관을 익히지 못한 탓입니다. 평소에 사소한 일이라도 스스로 결정하고 선택하는 연습을 시켜주세요.

크리스마스 선물처럼 갖고 싶은 물건은 단박에 결정하면서 오늘 무슨 옷을 입을지, 무슨 책을 읽을지, 무슨 공부를 할지와 같이 일상에서 반복되는 일은 아들이 우물쭈물 결정을 내리지 못하나요? 그렇다면 아들의 결단력이 부족하다는 증거입니다. 평소에 아들이 스스로 결정할 수 있는 기회를 많이 만들어주세요. 다소 시간이 걸리더라도 일단 습관으로 자리 잡으면 자기주도 학습도 덩달아 가능해집니다.

• • •

세상이 우리 때와 많이 달라졌다고는 하지만 여전히 대학입시는 아이가 살면서 겪을 커다란 관문 중 하나입니다. 경우에 따라 중학교나 고등학교도 시험을 보는 경우가 있죠. 아무리 늦어도 최소한 자신이 원하는 학교에 지원하고 시험공부를 시작하기 전까지, 아이 스스로 결정하는 습관을 만들어줄 필요가 있습니다.

평생 아무것도 결정하지 않고 살아온 아이에게 별안간 "네가 원하는 학교를 정해봐라" 하고 말한들 흔쾌히 받아들일 리 없죠. 학교를 스스로 정할 수 있는 첫걸음은 어릴 적부터 생활 속에서 키워줘야 합니다.

날씨가 쌀쌀한 날, 초등생 아들이 얇은 차림새로 나가려 하는 상황을 떠올려 보세요. 대부분 부모는 "밖이 몹시 쌀쌀하니 두꺼운 옷으로 갈아입으렴" 하고 말을 합니다. 그러나 이때 아들의 결단력을 키워주는 말은 따로 있습니다. "밖이 쌀쌀한데 어떻게 할래?" 하고 먼저 물어보세요. 그다음 아들 스스로 결정하게 해주면 됩니다.

아들이 무언가를 결정할 때, 그 이유는 그다지 중요치 않습니다.

"우리 축구팀은 강하니까……."

"교복이 예쁘니까……."

엄마가 보기에는 지극히 사소해 보이거나 아무런 관련이 없는 이유로 선택해도 괜찮습니다. '나는 내 일을 스스로 결정한다'는 자각을 갖게 하는 게 중요해요. 이러한 마음가짐을 지닌 아이는 설령 일이 마음대로 풀리지 않아도, 남 탓하지 않고 자기 일은 스스로 감당하는 사람으로 성장할 수 있습니다.

💡 Point

스스로 무언가를 결정해본 경험을 한 아이는 실패해도 남에게 책임을 전가하지 않는 사람으로 성장해요.

[칭찬을 해도 무반응이에요]
'I-메시지'를 활용하세요

요즘 아이의 자존감을 높인다는 이유로 과도하리만치 칭찬 세례를 퍼붓는 부모들이 많습니다. 그런데 아무리 입이 마르게 칭찬을 해 줘도 정작 아들은 심드렁한 반응을 보이는 경우가 있어요. 잘한 점 을 칭찬해주면 의욕이 충만해져 더욱 노력하겠지 했건만, 무반응으 로 일관하니 엄마는 애가 탑니다. 대체 무엇이 잘못된 걸까요?

이럴 경우, 평소 아들을 칭찬할 때 어떻게 칭찬하는지 돌이켜보 세요.

"우리 아들, 100점을 맞다니 정말 대단하다!"
"수학 성적이 이만큼 올라가다니 굉장한걸!"

혹시 밖으로 드러난 결과에만 초점을 맞춰 아들을 칭찬하고 있진 않나요? 이런 칭찬에 익숙해진 아들은 '좋은 결과가 아니면 칭찬받지 못한다'고 여기게 됩니다. 결과를 내야 한다는 부담감에 사로잡힌 나머지 의욕을 상실하고 어느 순간 도전하기를 멈추게 될 수도 있어요.

있는 그대로를 칭찬하는 게 중요해요
• • •

그렇다면 아들을 칭찬해줄 때 어떤 식으로 하면 좋을까요? 간단합니다. 아들의 있는 그대로의 모습을 칭찬해주면 됩니다. 아이의 존재 자체를 인정해주는 칭찬을 많이 할수록 칭찬이 '나는 할 수 있다!'라는 자신감으로 이어집니다.

평소에 사소한 부분부터 시작해보세요. 아이가 입고 나온 옷을 보고 "우리 아들 빨간색이 참 잘 어울리네" 하고 말해주거나, 아침에 막 잠에서 깬 모습을 보고 "부스스한 머리가 자연스럽고 멋진

데" 하는 식으로 말이에요. "대단해", "굉장하다"처럼 추상적인 칭찬 한 마디보다 구체적인 부분을 콕 집어서 말해주는 것이 좋아요. 엄마의 칭찬하기 기술도 늘고, 효과도 훨씬 더 커져요.

'구체적으로 칭찬하기'에 익숙해졌다면 다음 단계에 도전해보세요.

"빨간색 옷을 입으니 아들 얼굴이 한결 산뜻해 보인다. 덩달아 엄마도 기분이 좋네."

처음에 있는 그대로의 모습을 칭찬한 뒤, 엄마가 어떻게 느끼는지를 살짝 덧붙이는 겁니다. 긍정적인 감정을 담은 엄마의 말 한 마디에 아들은 진심으로 행복해집니다.

We-메시지보다 I-메시지가 효과적이에요

• • •

아이를 칭찬할 때는 세상 사람들이 어떻게 느끼는지를 전하는 'We-메시지'보다는 칭찬하는 주체가 어떻게 느끼는지를 전하는 'I-메시지'가 자신감을 키워주는 데 훨씬 효과적입니다.

예컨대 아들 눈에 눈곱이 낀 걸 본 엄마가 "다른 사람이 보면 지저분하다고 수군댈 거야" 하고 주의를 주었다고 해보세요. 이 말에는 '세상 사람들이 너를 한심하게 여긴다'라는 'We-메시지'가 담겨 있습니다. 이런 말을 지속적으로 들은 아이는 무언가를 하려고 할 때마다 '자신이 하고 싶은가'가 아니라 '이걸 하면 세상 사람들이 어떻게 생각할까'를 기준으로 판단하기 시작합니다. 주변을 지나치게 의식한 나머지 도전을 꺼리고 자신감도 잃고 말죠.

　"눈곱이 껴 있으니 엄마도 자꾸 신경이 쓰이네" 하고 말해보세요. 엄마의 느낌이 주체가 되는 'I-메시지'로 아이에게 전달됩니다. 이때 아이는 '아, 그렇구나' 하고 엄마의 의견을 스스럼없이 받아들입니다. 자존감에 큰 타격을 받지도 않죠.

　평소에 아들과 대화하거나 칭찬을 해줄 때도 'I-메시지'를 사용해보세요. 남을 칭찬하는 일이 한결 쉬워집니다. 있는 그대로의 모습을 구체적으로 칭찬하는 일은 어른에게도 어려운 일입니다. 막상 해보려 하면 좀처럼 입이 떨어지지 않죠. 처음에는 "새로 바뀐 머리 스타일 잘 어울린다", "오늘 입은 옷, 특이하고 멋진데?" 하는 식으로 겉모습부터 칭찬해보세요.

　부모에게 부정적인 말을 듣고 자란 아이는 거친 말투로 남을 헐뜯고 상처를 주기 쉽습니다. 하지만 부모에게 올바르게 칭찬받으며 자란 아이는 주의를 줄 때도 상대방의 기분을 헤아려 말합니다.

"네 신발이 줄곧 밖에 나와 있으니 신경이 쓰여서 신발장에 넣어두었어."

"아까 네 물건이 빠져 있기에 자꾸 눈에 밟혀서 책상 위에 올려두었어."

이는 제가 가르치는 여학생이 친구들에게 건네는 말하기 방식입니다. 아마 어릴 때부터 평소에 부모님이 그런 식으로 아이에게 말했을 겁니다. 참으로 지혜로운 분들이죠. 있는 그대로의 모습을 'I-메시지'로 칭찬하기. 오늘부터 꼭 실천해보세요. 아들의 행동뿐 아니라 아들과의 관계도 몰라보게 좋아질 거예요.

있는 그대로의 모습을 'I-메시지'로 칭찬해주면 아들의 자존감이 쑥쑥 자랍니다.

Part3.

초등 남자아이 성적 올리는 방법

집에서 공부하는 시간은
'학년×20분'

앞에서 딸과 대비되는 아들의 특성들, 그리고 이를 고려해 다양한 상황에서 엄마가 아들에게 취해야 할 행동에 대해 알아보았습니다. 3장에서는 1장과 2장에서 배운 내용을 토대로 사랑하는 아들을 스스로 공부하는 아이로 키우는 방법과 과목별 공부법을 소개하려고 합니다.

아들에게는 공부하는 시간을 정해주세요

• • •

"아들은 집에서 얼마나 공부를 시켜야 할까요?"

"학년마다 공부시간은 달라져야 하나요?"

결론부터 말하면, 남자아이가 집에서 공부하는 시간은 '학년×20분'이 적당합니다. 예를 들어, 책상 앞에 진득하게 앉아 숙제나 예습, 복습을 하는 시간은 초등학교 1학년이면 20분, 2학년은 40분 하는 식으로요. 6학년이 되면 120분이 되겠네요.

어른도 취미생활이 아닌 이상 두 시간가량을 줄곧 책상에 앉아 있기가 어렵습니다. 하물며 기질상 산만한 데다 잠시도 몸을 가만히 두질 못 하는 초등학교 저학년 남자아이에게 그 시간은 너무나 힘든 일이죠. 사실 불가능한 일이기도 하고요.

따라서 아들이라면 '숙제하는 시간 정하기'가 꼭 필요합니다. 그리고 평소에 규칙적으로 정해진 시간에 공부하는 습관을 만들어 주는 것이 좋아요.

아들의 집중력을 유지하려면 몸을 움직이게 하세요

• • •

유독 아들을 가진 엄마 중에 "우리 아이는 집중력이 너무 부족해서 큰일이에요" 하고 푸념을 하는 경우가 많습니다. 실제로 남자아이는 여자아이보다 집중력에 한계가 있는 게 사실이에요.

그렇다면 초등학교 1학년 남자아이의 집중력은 어느 정도일까요? 정답은 '3분'입니다. 컵라면에 뜨거운 물을 붓고 기다리는 시간 정도이죠. 1장에서도 다루었지만 짧아도 참 짧습니다. 그러므로 이런 아들을 억지로 책상 앞에 끌어다 앉혀도 3분만 지나면 자세가 흐트러지고 슬금슬금 딴청을 부리는 것이 이상한 일이 아니죠.

타고난 기질상 집중력이 부족하다면 아들에게 맞는 규칙을 만들어보세요.

- 3분이 지나면 휴식 취하기!
- 받아쓰기 하나가 끝나면 춤추기!
- 글 한 줄 쓰고 나면 엉덩이로 이름 쓰기!

이런 식으로 아들이 잠깐 공부에 집중한 뒤에는 가급적 몸을 움직이도록 유도해주세요. 신체 움직임을 가미하면 남자아이가 가진 에너지도 분출되고, 재미도 있어 아들의 학습의욕이 자극됩니다. 특히 초등학교 저학년 남자아이의 경우, 공부하는 시간 사이사이에 우스꽝스러운 움직임을 곁들이면 크게 즐거워하며 공부에 열중할 가능성이 높습니다.

이런 규칙은 카드나 딱지놀이에도 활용이 가능합니다. 한 사람이 카드를 가져갈 때마다 '코믹 댄스 추기' 같이 재미있는 규칙을 정하면 게임의 열기가 한층 뜨겁게 달아오릅니다. 재미를 추구하고 끊임없이 몸을 움직이는 남자아이의 특성상 두 가지 요소를 모두 갖춘 게임이라면 질릴 겨를이 없죠.

다만 이런 규칙들은 초등학교 5학년 이상의 고학년이 되면 효과가 떨어집니다. 사리 판단이 빨라진 아이 앞에서 단순한 기술은 먹히지 않으니까요. 이 나이가 되면 남자아이도 '숙제를 하면 나에게 어떤 이득이 있을까' 하는 목적을 명확히 인지합니다. 따라서 엄마가 이 부분을 제대로 설명해줄 필요가 있습니다.

거창하고 추상적인 목표가 아니어도 괜찮습니다. "숙제를 다하면 좋아하는 간식 만들어줄게"처럼 사소한 당근 전략도 좋아요. 아들 스스로 납득한다면 '어서 해치우고 맛있는 거 먹어야지!' 하며 숙제에 전념할 테니까요.

다시 말하지만 '남자아이의 집중력은 그리 오래가지 않는다'는 사실을 이해했다면, 공부할 수 있는 시간을 설정한 뒤 규칙을 정해 두세요. 그러면 날마다 빈둥거리는 아들에게 화를 내며 잔소리할 일이 없습니다. 정해진 시간 안에서 즐겁게 효율적으로 공부하는 습관을 들이면 아들도 조금씩 공부에 재미를 붙이게 됩니다.

참고로 한 번 정한 공부시간은 가급적 변경하지 말고 꾸준히 유지하는 게 좋아요. 그래야 아들의 공부습관이 쉽게 잡힙니다. 초등학교 저학년 남자아이에게 공부를 얼마나 오래하는지는 중요하지 않습니다. 공부습관을 들이는 게 우선이죠. 날마다 공부하는 습관이 자리 잡으면 언젠가 스스로 공부하는 날이 옵니다. 몇 분이라도 좋으니 아들이 매일 정해진 시간에 공부하도록 지도해주세요.

· · · · · · · · · · · · · · · · 💡 Point · · · · · · · · · · · · · · · ·

공부하는 시간을 일정하게 정해서 스스로 공부하는 습관을 키워주세요. 초등 저학년이라면 공부 중간에 재미있게 움직이는 활동을 곁들여주세요. 집중력 유지에 효과적입니다.

공부습관을 키우는 데
개인 방은 필요 없어요

최근 외동아이가 크게 늘어난 영향 때문인지, 아이가 어릴 때부터 공부방을 만들어주고 값비싼 책상과 의자를 놓아주는 부모가 많습니다. 저는 아이가 공부습관을 들이기 전까지 개인 방을 마련해주는 것은 추천하지 않습니다. 특히 남자아이는 엄마의 시야가 닿지 않는 공간에 머물수록 게임이나 인터넷 등에 빠져 도리어 공부와 담을 쌓을 확률이 높기 때문이죠.

반복해서 말하지만, 초등학교 저학년 남자아이는 집중력이 턱없이 부족하고 그 시간도 짧습니다. 하지만 엄마의 시선이 닿는 곳에 있으면 아이는 심리적으로 안심이 되고 장난감에 정신이 팔릴 일도 없으니 집중도는 비교적 높아집니다. 스스로 공부하는 습관이 자리 잡기 전까지는 개인 방보다 주방의 식탁처럼 엄마와 가까운 곳에서 공부하도록 이끌어주세요.

공부할 때는 엄마와의 거리를 2미터 이상으로 유지하세요

• • •

엄마의 시야 안에서 공부할 수 있도록 하는 것도 중요하지만, 공부 습관이 생기기 전에는 적당한 긴장감이 있어야 집중력 유지에 도움이 됩니다. 아들이 숙제하는데 엄마가 옆에 바싹 붙어 앉아 물끄러미 바라보는 행동은 바람직하지 않아요.

어른도 마찬가지, 일을 하는데 누군가 옆에서 빤히 지켜보고 있다고 생각해보세요. 신경이 쓰여 집중력이 흐트러질 거예요. 아들도 마찬가지입니다. 아들이 공부할 때는 엄마와의 거리를 최소 2미터 이상으로 유지할 필요가 있습니다.

엄마와 아들이 같은 공간에 있지만, 각자 다른 일을 하면서 서로가 시야에 들어오는 거리, 딱 이 정도가 바람직합니다. 아이 입장에서 부담스럽지 않으면서도 마음이 편안해져 공부에 몰입할 수 있습니다.

엄마와 가까운 곳에서, 규칙적으로 공부시간을 정해 숙제를 하
게 하세요. 집중력 향상은 물론 시간관념까지 키울 수 있으니 일석
이조입니다.

· 💡 Point ·

남자아이가 공부습관을 몸에 익힐 때 개인 방을 주면 역효과만 납니다. 엄마
와 가까운 주방에서 공부하도록 해 집중력과 시간관념을 키워주세요.

초등 저학년까지는
책을 읽어주세요

"아들이 아직 글자를 다 떼지 못했는데 초등학교 수업을 따라갈 수 있을까요?"

아이가 글자를 떼지 못한 채 초등학교 입학을 앞두고 있다면 엄마는 덜컥 불안해집니다. 그러나 전혀 걱정할 필요가 없습니다. 아이가 글자를 모르고 초등학교에 진학해도 1학기가 지나면 저절로 글자를 익히게 되니까요. 제 아이도 초등학교 1학년 여름까지 글자를 제대로 쓰지 못했지만, 어느 순간 자연스럽게 습득하더군요. 때가 되면 알아서 익히게 됩니다. 미리 조바심을 내며 초등학교 입학 전에 억지로 공부를 강요할 필요는 없습니다.

일상에서 글자와 친해질 기회를 만들어주세요

• • •

아무리 초등학교 입학 전에 글자를 떼지 못해도, 아이가 금방 따라 갈 거라고 말해주어도 여전히 마음을 놓지 못하는 부모들이 많을 겁니다. 혹시 우리 아이만 학습 진도를 따라가지 못하는 건 아닐까, 혼자만 글자를 몰라서 친구들에게 따돌림을 당하진 않을까 걱정이 될 테니까요.

그렇다면 아들이 초등학교에 들어가기 전에 글자와 친숙해질 기회를 많이 만들어주세요. 집에서 아들과 관련 있는 글자를 자주 접하게 해 자연스럽게 흥미를 이끌어내는 겁니다. 예를 들어, 신문 을 보며 "우리 아들 이름에 있는 글자가 여기도 적혀 있네" 하고 이 야기하는 식입니다. 거리를 걷다가 함께 간판을 보며 아들 이름에 있는 글자를 찾아봐도 좋고요.

단, 억지로 아들을 책상에 앉혀놓고 받아쓰기 연습을 하는 등 공부를 강요하지는 마세요. 학교에 들어가기도 전에 공부에 대한 거부감이 생겨 장기적으로 학습에 어려움을 겪을 수 있습니다. 학교에 들어가기 전까지는 아들이 공부에 꾸준히 흥미를 이어가도록 신경 써주면 됩니다.

꾸준히 책을 읽어주세요

• • •

아이가 글자를 익히는 데 받아쓰기 연습보다 더 효과적인 방법이 있습니다. 바로 '책 읽어주기'입니다. 부모가 곁에서 책을 읽어주면 아이도 별다른 거부감 없이 글자에 흥미를 가지게 되죠.

'학교에 가면 스스로 책을 읽을 줄 알게 될 텐데 굳이 읽어줘야 하나……' 하고 생각할지 모릅니다. 그러나 남자아이의 경우, 초등학교 2학년 무렵까지는 엄마 아빠에게 책을 읽어달라고 조르곤 합니다. 아들이 즐겁게 글자를 익히기 바란다면 꾸준히 책을 읽어주세요.

남자아이는 기본적으로 글자 읽는 것을 귀찮아합니다. 어른이 된 뒤에도 남자는 무언가를 이해할 때 글로 읽기보다 말로 듣기를 선호하죠. 그런 기질을 가진 아들이라도 어릴 때부터 엄마가 옆에서 책을 읽어주면, 내용을 파악하기도 쉬울뿐더러 글자를 하나하나

쫓아가다 엉뚱하게 삼천포로 빠지는 일도 없습니다.

마냥 성가시게 책을 읽어달라고 칭얼대던 아들도 초등 고학년이 되면 언제 그랬냐는 듯 무심한 태도로 돌변합니다. 그러니 아들이 초등 저학년 때까지는 다소 귀찮더라도 독해력을 키우고 유대감을 형성하는 기회라고 여기고 즐거운 마음으로 책을 읽어주세요.

💡 Point

유아기에는 글자를 읽지 못해도 큰 문제가 없습니다. 엄마가 책을 읽어주면서 아들이 자연스럽게 글자에 흥미를 갖도록 도와주세요.

[국어] '우스꽝스러운 말 찾기'로
공부습관을 들이세요

공부 실력을 키우려면 꾸준한 반복 학습이 기본입니다. 야구 선수가 경기 전에 수백 번 스윙 연습을 하는 건 실전에서 안타를 잘 치기 위해서죠. 방망이를 휘둘러 공을 치는 반복 훈련을 통해 몸이 익숙해지는 겁니다. 안타를 치는 습관이 없으면 막상 타선에 들어섰을 때 몸이 굳어 허무하게 물러나기 십상이죠.

공부도 마찬가지입니다. 아들을 공부 잘하는 아이로 키우고자 한다면 가급적 초등 저학년까지 기초 학습을 반복하는 습관을 들일 필요가 있습니다. 이때 반복 학습으로 한자 연습만 한 게 없습니다. 학교에서 따로 과목이 있거나 시험을 보지 않아도 한자는 어휘력, 사고력의 바탕이 됩니다. 한자에 해박하면 교양과 지식을 넓히는 데 효과적이죠. 많이 알수록 두고두고 보탬이 되므로 저는 아이들에게 꾸준히 한자 공부를 시킵니다.

'우스꽝스러운 말 찾기'로 언어에 대한 거부감을 없애주세요

• • •

어떤 단어를 글자로 써보라고 하거나 어떤 어휘를 외우도록 할 때 아들의 흥미를 어떻게 유도할지 몰라 막막해하는 부모가 많습니다. 이때 초등 저학년 남자아이에게는 '우스꽝스러운 말 찾기'와 '한자 부수 찾기'를 추천합니다.

이를테면 "'오줌 싼다'는 어떻게 쓸까?" 하는 식으로 물어보는 거죠. 거듭 말하지만, 남자아이는 재미를 추구합니다. 그래서 장난스럽고 짓궂은 행동을 나타내는 말을 좋아합니다. 그런 단어들을 찾아보게 하고 재미를 느끼게 해주면 아이는 의욕적으로 국어 공부에 덤벼들어요.

사전을 찾아보고 국어 공부를 하는 데 익숙해지면 다음 단계로 한자 부수를 조사하게 해보세요. 아래처럼 질문을 던져보는 겁니다.

"한자에서 사람 인 부수를 보면 우리 몸에서 어떤 부분이 떠오르니?"

이렇게 물어보면 자기 신체를 사용하거나 나뭇가지를 이어서 부수를 표현하려는 아이도 있습니다. 이런 식으로 일상생활 속에서 한자를 접하기 시작하면 아이는 차츰차츰 다양한 한자에 관심을 보이기 시작해요. 2장에서도 소개했듯이 책에서 사람 인 부수를 사용하는 한자를 직접 찾아보게 하는 등 놀이하듯 한자와 친해지게 유도하면 아이는 한자를 익히는 재미에 눈을 뜹니다.

한자 공부에 게임의 요소를 가미해도 도움이 됩니다. 예를 들어, 한자 책에서 부수를 찾는 게임을 하는 겁니다.

"네 이름에 나오는 부수와 엄마 이름에 나오는 부수를 5분 안에 최대한 많이 찾는 사람이 이기는 거야. 자, 시작!"

부모가 함께해보세요. 남자아이는 승부사 기질이 있어서 본능적으로 경쟁자가 생기면 의욕을 불태웁니다. 승부에 열중하면서 자연스레 지식을 익히는 학습법은 나이가 어릴수록 효과적이죠. 더욱이 게임이나 퀴즈 등으로 흥미를 끌어낸 뒤 문제를 풀도록 하면 아이는 즐겁게 받아들입니다.

요리할 때 손품이 많이 가는 메뉴일수록 꼼꼼한 사전 작업은 필수입니다. 공부도 예외가 아닙니다. 공부습관을 들이고자 한다면, 아들이 흥미를 갖도록 하는 사전 작업이 우선이죠. 일단 그 단계를 넘으면 나중에는 누가 시키지 않아도 스스로 공부하는 아이로 자랍니다.

꾸준한 반복이 가능한 아이는 집중력과 사고력도 저절로 생깁니다. 처음에 공부습관을 들이기가 어렵지 한 번 들이면 이후에는 부모가 관여할 일이 별로 없습니다. 학습 능력의 든든한 기초를 닦는다고 생각하고 아들이 초등학교 저학년 때 공부에 흥미를 느끼도록 아낌없이 지원해주세요.

· ♀ Point ·

'우스꽝스러운 말 찾기'로 국어나 한자 공부에 대한 거부감을 없애주세요. 재미를 느끼게 해주면 아들이 스스로 공부하기 시작합니다.

[국어] 독해력보다는
받아쓰기에 집중해주세요

'글을 읽고 쓰는 데 익숙해졌으니 이제 독해력을 키워줘야지!' 하고
의기양양하게 전집도 사들이며 의욕을 불태우는 부모들이 있습니
다. 그러나 정작 아들은 거들떠보지도 않아 엄마의 속을 태우곤 하
지요.

앞에서도 얘기했지만, 남자아이는 글자에 익숙하지 않습니다.
오죽하면 시험을 칠 때 문장이 아니라 그림을 보고 대답을 적어내
는 아이들이 상당수 있을 정도죠.

남자아이는 글자가 아닌 그림을 보고 답을 정해요

• • •

문제집에서 글 한 단락을 읽고 '주인공은 어떤 기분일까요?'라는 문제를 푼다고 해볼까요. 따분하고 지루한 걸 태생적으로 견디지 못하는 남자아이들은 답을 찾기 위해 꼼꼼하게 문장을 읽는 일이 귀찮기만 합니다.

어떻게 하면 시간과 수고를 들이지 않고 문제를 풀까를 궁리하다 아이는 문제에 함께 나온 그림만 쓱 보고 사람이 웃고 있으면 '기분 좋다'라고 망설임 없이 적어버리죠. 찬찬히 문제를 읽어보면 '외로운 기분'임을 알 수 있는데 단지 읽기가 귀찮아서 그림만 보고 넘어가는 겁니다.

1장에서 '남자아이는 자기평가로 움직인다'고 이야기했습니다. 누가 뭐라던 자기만 좋으면 눈에 불을 켜고 달려드는 게 남자아이입니다. 즉, 공부도 자기가 즐겁고 좋아야 한다는 얘기죠.

초등학교 3학년 시험에 이런 문제가 나왔습니다.

사냥꾼이 아기 오리를 총으로 겨눈 순간, 부모 오리가 덤불 속에서 뛰어나와 대신 총에 맞습니다. 아버지와 사냥에 동행한 소년은 그 모습을 보고 깊은 죄책감을 느낍니다.

위 지문을 읽고 '부모 오리는 왜 덤불 속에서 뛰어 나왔을까요?' 라는 질문에 답을 맞추는 것이었는데요. 80퍼센트 넘는 남자아이가 아래 항목에 답을 표시했습니다.

'뛰어나오고 싶어서'

이제 아시겠죠? 초등 저학년 남자아이가 글의 행간을 잘 읽고 의미를 올바르게 파악하는 일이 얼마나 어려운 일인지 말입니다. 독해력을 단시간에 키워주겠다는 욕심은 부리지 마세요.

초등 저학년은 받아쓰기부터 시키세요

• • •

그렇다면 남자아이는 언제쯤부터 글의 맥락을 이해하는 독해력이 생길까요? 경험상으로는 대개 초등학교 5~6학년 정도 되어야 자연스럽게 가능해집니다. 특히 중학교 수업을 준비하는 아이라면 학원에서 문제 푸는 기술을 알려주므로 큰 어려움 없이 독해력이 생기죠.

반면 초등 저학년 남자아이는 글 속에서 숨은 속뜻을 이해하기

엔 아직 미숙한 존재입니다. 이 사실을 있는 그대로 받아들이고 우선은 글자를 받아쓰는 연습부터 꾸준히 시켜주세요.

초등 저학년 남자아이는 글에서 감정을 파악하고 문장의 논리를 이해하는 능력이 부족합니다. 5~6학년 이후 자연스럽게 독해력이 생기므로 그 전까지는 받아쓰기에 집중하세요.

[국어] 글쓰기에 '질문+금지어'를 활용하세요

체험학습 보고서나 글짓기 숙제를 시키면 건성으로 대충대충 해치우는 아들 때문에 속을 끓였던 경험이 있을 겁니다. 남자아이는 기본적으로 자기 생각이나 감정을 말로 표현하는 데 서툽니다.

　남자아이의 특성은 이해한다 해도 학교에 제출해야 할 과제를 나 몰라라 할 수는 없는 노릇이죠. 아들이 글짓기에 재미를 붙인다면 작문 숙제도 알아서 척척 할 터. 그렇다면 우선 글감을 모으는 준비부터 함께 시작해보세요.

질문을 통해 글짓기에 사용할 말을 모으게 하세요

• • •

방법은 간단합니다. 부모가 질문을 던져 아들이 글짓기에 사용할 말을 떠올리게 하는 거죠. 일종의 출력 과정이라고 생각하면 이해하기 쉽습니다. 남자아이에게 "어떤 기분이 들었니?"라고 물으면 "좋았어", "즐거웠어" 하는 식의 판에 박힌 말밖에 나오지 않아요. 대신 "그때 기분을 색으로 표현하면 무슨 색일까?" 하고 질문해보세요. 아들의 감정이 담긴 독창적인 말이 나옵니다.

아들이 "말다툼했더니 빨간색 기분이 됐어" 하고 답한다고 해볼까요. 빨간색은 속상함, 화남의 감정을 연상시키죠. "말다툼했더니 분홍색 기분이 됐어" 하는 예상 밖 대답이 돌아와도 괜찮습니다. 다소 엉뚱한 대답이 돌아와도 편안하게 들어주세요. 어떤 내용이든 우선은 글짓기에 쓸 만한 재료를 모으는 게 중요하니까요.

아들에게 질문을 할 때 내용은 인간의 다섯 가지 감각에 관련된 것이 좋습니다.

"슬픈 기분은 무슨 색일까?"
"슬픈 기분은 무슨 소리일까?"
"슬픈 기분은 무슨 냄새일까?"

"슬픈 기분은 어떤 감촉일까?"

"슬픈 기분은 어떤 맛일까?"

슬픔이라는 기분을 표현하는 데도 색, 소리, 냄새, 촉감, 맛 등 방식이 참 다양하죠. 개성이 담긴 문장을 담으려면 이처럼 아이에게 오감을 활용한 질문을 던져보세요.

금지어를 만들면 어휘력을 높일 수 있어요

• • •

"재밌었어요", "좋았어요"처럼 흔하디흔한 말이 되풀이되는 글에는 아이의 개성이 조금도 드러나지 않습니다. 아이가 글을 쓸 때 틀에 박힌 표현에서 벗어나게 하려면 금지어를 정해보세요.

예를 들어, 체험보고서를 작성하기 전에 "'열심히 하겠습니다', '다시 또 오고 싶습니다' 같은 표현은 쓰지 말기!"라고 규칙을 정해 두는 겁니다. 그러면 아이는 필사적으로 다른 표현을 생각하겠죠. '기쁘다'라는 말을 금지어로 정하면 '가슴이 쿵쿵거린다', '마음이 설렌다', '두근두근하다'라는 표현을 찾아내기 시작합니다. 자연스레 아이의 어휘력은 풍부해지겠지요.

엄마가 어떤 질문을 던지는가에 따라 아들의 표현력이 달라진 다는 걸 잊지 마세요. 참고로 학교에서 자주 사용하는 '누가, 언제, 어디서, 무엇을, 어떻게, 왜'와 같은 육하원칙 형태를 지키지 않더라 도 신경 쓰지 마세요. 아이가 글을 쓸 때 과도하게 문장의 형태나 구 조를 의식하게 되면 '나는 오늘 식당에서 엄마와 햄버거를 먹었습 니다. 참 맛있었습니다'처럼 매우 흔한 문장을 쓰기 쉽습니다.

나는 오늘 식당에서 엄마와 햄버거를 먹었습니다. 햄버거는 군고구 마 냄새가 났고 만져보니 울퉁불퉁했습니다. 한입 베어 먹으니 마음 이 따스한 빨간색으로 변했습니다.

아들이 위와 같은 문장을 쓴다면 어떤가요? 누군가에게 두 가 지 글을 보여준다면 더 읽고 싶은 쪽은 분명 후자일 겁니다. 남자아 이가 눈에 보이지 않는 것을 표현하는 데 서툴다는 사실을 이해했 다면, 오감을 활용한 질문을 던져보세요. 훈련이 거듭될수록 개성 넘치는 글을 쓰는 날이 빨리 올 거예요.

· 💡Point ·

오감을 자극하는 질문을 던져 아들의 창의성과 표현력을 키워주세요.

[수학] 카드 뒤집기 게임으로
암산 능력을 키워주세요

초등학교에서 받아쓰기 다음으로 숙제로 많이 내주는 것이 바로 연산 문제입니다. 반복적인 연산 문제는 남자아이에겐 따분하고 귀찮은 과정일 뿐이죠. 그런데 가끔 즐겁게 문제를 술술 풀어내는 남자아이도 있습니다. 이 두 아이의 차이는 무엇일까요?

다름 아닌 '계산을 빨리하는 암산 능력이 있는가' 여부입니다. 만약 주산을 배운 아이라면 한 자릿수 계산은 식은 죽 먹기죠. 초등학교 1학년 중에 2줄, 3줄 계산을 일사천리로 해내는 경우도 드물지 않고요.

그렇다고 요즘 시대에 당장 주산을 배우라는 말은 아닙니다. 무엇보다 아이가 흥미를 느끼지 못하면 허사니까요. 그래서 대신 카드를 활용해 아들이 즐겁게 연산 문제를 풀 수 있는 게임을 소개해 보겠습니다.

놀이하듯 연산 문제를 풀게 하세요

• • •

카드 뒤집기 게임, 일명 메모리 게임을 응용한 '더하기 10 게임'입니다. 원래 카드 뒤집기는 같은 숫자가 나오면 두 장을 모두 가져가는 게임이지요. '더하기 10 게임'은 1부터 10까지 적힌 카드 중에 두 장을 뽑고 그 숫자를 더해 10을 만드는 게 규칙입니다.

예를 들어 1은 9, 2는 8, 3은 7, 4는 6, 5는 5처럼 뒤집은 두 카드에 적힌 숫자의 합이 10이 되면 카드를 가져가는 거죠. 한 가지 예외가 있는데, 처음에 10이 적힌 카드를 뽑은 경우에만 그대로 카드를 가져갈 수 있습니다. '10+0=10'인데 0이라는 카드는 없으니까요.

게임에 익숙해지면, 1부터 13까지의 카드를 사용해 '더해서 10 이상이면 카드를 얻고 10 이하는 얻을 수 없다' 하는 식으로 난이도를 올려도 좋습니다. 7과 4를 펼치면 11이 되므로 카드를 가져갈 수 있지만 2와 5를 펼치면 7이므로 가져갈 수 없는 식이죠.

이 카드 게임을 여러 번 반복할수록 참가자는 수십 번 머릿속으로 더하기 계산을 되풀이해야 합니다. 반복적인 연산 문제라면 질색하는 아들이라도 놀이가 되면 눈빛을 반짝이며 즐겁게 참여할 거예요.

'더하기 10 게임'이 여러 명이 함께 노는 게임이라면, 이번에는 단둘이서 할 수 있는 게임을 알려드리겠습니다. 우선 둘이 카드를 똑같이 나눠 갖습니다. 그런 다음 카드를 높이 쌓아서 한 명씩 맨 위에서 두 장을 꺼내 펼쳐 보입니다. 두 장에 적힌 숫자의 합이 더 큰쪽이 이기는 게임이죠.

A가 5와 10, B가 1과 3을 펼쳤다면 A의 승리! 한 가지 덧붙이면 조커는 미리 빼두거나 0점으로 치는 식으로 규칙을 정해두세요. 이 게임 또한 승부를 겨루면서 수십 회 이상 머릿속으로 계산을 반복하므로 암산 능력이 향상됩니다. 수학 성적도 저절로 오르는 효과가 있어요.

더하기에 익숙해지면 빼기, 곱하기, 나누기 등으로 게임의 난이도를 높여보세요. 승부욕이 생긴 아들은 적극적으로 게임에 몰입하게 되고, 일부러 시간을 내서 공부하지 않아도 자연스럽게 연산을 익힐 수 있어요.

• • •

암산 능력은 아이의 두뇌가 좋고 나쁨과는 아무런 상관이 없습니다. 연산을 완벽하게 암기하려면 무조건 반복만이 답이죠. 그러니 아들이 지금 계산이 좀 느리다고 걱정하지 마세요. 머리가 나쁜 게 아니라 반복 연습이 부족한 탓이니까요. 그렇다고 다그치며 가르치거나 억지로 학원에 보낼 필요도 없어요. 그러다 영영 공부에 흥미를 잃어버린다면 그야말로 소탐대실이죠.

아들이 수학과 암산에 재미를 느끼도록 방법을 살짝 바꿔보세요. 공부가 즐거운 게임이 되면 아무리 여러 번 반복해도 지루하지 않습니다. 반복 놀이가 반복 학습이 되는 셈이죠. 평소에 반복 학습이 부족해 지속적으로 낮은 성적을 받으면 아들은 낙담한 나머지 수학에서 손을 놓아버리기 쉽습니다. 그러기 전에 반복 학습을 게임으로 만들어 관심을 갖게 도와주세요.

기계적인 반복을 싫어하는 남자아이라도 승부를 겨루는 게임을 통해 흥미를 느끼면, 몇 번이고 반복하며 즐겁게 열중합니다. 지루한 반복 학습이 도전 의식을 불태우는 짜릿한 놀이가 되도록 유도해보세요.

계산이 빠르다는 것은 그 자체로 상당한 강점입니다. 초등 고학년이 되면 3줄 혹은 4줄 계산 문제가 나오기 시작하는데 어린 시절부터 연산에 강했던 아이는 거뜬히 문제를 풀 수 있어요.

"998원짜리 물건을 사면서 1,000원을 내면 거스름돈은 얼마일까?"

이 문제에 일일이 적어가며 계산하는 아이가 있는가 하면, 1초만에 답을 말하는 아이가 있습니다. 달달 외울 만큼 반복적으로 계산 문제를 풀어온 아이는 '998+2=1000'이라는 계산 정도는 순식간에 할 수 있습니다. 암산 능력이 좋으면 대학이나 입사 시험 등 수험에도 유리하니 초등 저학년 때 미리미리 익혀두세요.

・・・・・・・・・・・・・・・・・・・・・・・ ♀ Point ・・・・・・・・・・・・・・・・・・・・・・・

아들과 함께 카드 뒤집기 게임을 반복하면서 암산 능력을 키워주세요.

[과학] 동물 이야기로
과학 공부를 시작하세요

과학을 즐겁게 배우도록 하려면 남자아이가 주로 흥미를 갖는 곤충이나 동물을 도감에서 함께 찾아보는 걸로 시작해보세요. 서점에 가면 초등학교 아이들이 즐겁게 볼만한 과학책들이 매우 많이 나와 있습니다.

잘 아시겠지만 남자아이들은 방귀, 똥, 고추와 같은 단어만 들어도 자지러집니다. 이런 기질 덕에 남자아이들은 다소 지저분하고 노골적인 내용을 들려주면 단번에 흥미를 보입니다.

아들에게 다음과 같은 이야기를 들려준다고 상상해보세요.

"유대류는 배에 달린 주머니로 아기를 돌보는 동물을 뜻하는데, 코알라는 특이하게도 주머니가 엉덩이에 달려서 아기가 이유식 대신 엄마 똥을 먹는대."

"우리가 흔히 '니모'라고 부르는 흰동가리는 대장 격인 암컷이 여러 수컷을 부하로 거느리며 살아간단다. 그런데 우두머리 암컷이 죽거나 사라지면 어떻게 될까? 신기하게도 부하 중 가장 서열이 높은 수컷이 암컷으로 '짠~' 하고 변신해서 그 무리의 대장이 된대."

사실 어른이 들어도 흥미진진한 내용이죠. 여자아이에 비해 남자아이는 적나라한 생리 현상에 거리낌이 없으므로 이런 이야기를 들려주면 귀를 쫑긋 세우며 경청합니다.

"사마귀는 교미 중에 암컷이 수컷을 잡아먹기도 한단다."

"출산한 어미 햄스터는 간혹 영양을 보충하려고 자기가 낳은 아기를 먹기도 한대."

이런 이야기들이 다소 잔인해 보일지 몰라도 생각해보면 동물들로서는 살아남기 위한 지혜이기도 하죠. 개를 키우는 집이라면 "개의 수명은 약 12년이래" 하고 이야기를 들려주세요. 아들이 바로 집중해서 듣습니다.

포유류나 파충류에 관한 이야기도 딱딱한 교과서에서 접하기보다 흥미로운 부분부터 조금씩 접하기 시작하면 즐겁게 배울 수있습니다. 아들이 즐거워할 만한 내용이 가득한 과학책을 구해서함께 읽어보세요.

❝❝ 아들의 학습의욕을 끌어내는 엄마의 한 마디 ❞❞

#1 "비둘기와 고양이는 엄마 뱃속에서 태어날까, 알에서 태어날까?"

#2 "사마귀는 교미 중에 암컷이 수컷을 잡아먹기도 한대."

#3 "우리가 먹은 음식은 입에서 식도로 넘어가 위를 거쳐서소장과 대장을 지나 항문을 통해 똥으로 나온단다."

・・・・・・・・・・・・・・・・・・・・・・・・ ♀ Point ・・・・・・・・・・・・・・・・・・・・・・・・

책이나 동물도감을 활용해 아들과 과학 공부를 시작해보세요. 남자아이가재미를 느낄만한 소재를 이야기로 들려주면 일부러 노력하지 않아도 자연스럽게 학습의욕이 높아집니다.

[과학] 선행학습은
식탁에서도 할 수 있어요

아들이 동물 이야기로 과학에 흥미를 보이기 시작했다면 관련 지식을 쌓을 절호의 기회입니다. 찾아보면 동물 말고도 과학 소재는 일상생활에서 무궁무진해요. 평소에 아들과 대화를 나누면서 과학에 대한 지식을 넓혀보세요.

일례로 식물은 '외떡잎식물'과 '쌍떡잎식물'로 나뉩니다. 외떡잎식물은 파나 벼처럼 잎맥(잎에 있는 물과 영양분이 이동하는 통로—옮긴이)이 평행 모양이지만, 쌍떡잎식물은 시금치나 양배추처럼 잎맥이 그물 모양으로 퍼져 있습니다. 보통은 중학교 때 배우는 내용이지만 이를 초등학교 때 알게 되면 '또래 친구보다 많이 안다'는 사실 때문에 아들은 든든한 자신감이 생깁니다.

식탁에서 온가족이 식사하면서 매일 이런 대화를 나눈다고 생각해보세요. 굳이 아들을 학원에 보내지 않아도 저절로 선행학습이 되는 셈이죠.

이때 퀴즈를 활용하면 아들의 지적 호기심이 한층 자극됩니다. 식물 종류를 설명한 다음 "오늘 저녁은 카레야. 감자와 당근이 들어가는데 두 가지는 쌍떡잎식물일까, 외떡잎식물일까?" 하고 물어보세요. 아이는 눈을 반짝이며 질문이 끝나기 무섭게 손을 번쩍 들 겁니다.

"외떡잎식물의 뿌리는 가늘고 갈라져 있어서 수염뿌리라고 부른대."

"시금치는 쌍떡잎식물인데 어떤 뿌리 모양인지 찾아보자."

"쌍떡잎식물에는 꽃잎이 갈라져 있는 갈래꽃과 붙어 있는 통꽃으로 다시 나뉜단다."

"나팔꽃은 갈래꽃일까, 통꽃일까?"

이런 식으로 아들과 밥을 먹으면서 대화의 범위를 넓혀 나가세요. 자연스럽게 아들의 관심 영역이 확장되고 쉽게 다양한 지식을 습득하게 됩니다. 엄마 아빠도 잘 모르는 내용은 함께 책을 보고 찾거나 인터넷으로 검색해보세요.

집에서 하는 적절한 선행학습은 아들의 자신감으로 이어집니다. 가족이 식사 시간에 다양한 주제로 대화를 나누며 아들의 공부의욕을 높여보세요.

[사회] 지도와 기차놀이로
관심을 유도하세요

사회 과목도 과학처럼 아들이 관심을 가질만한 소재를 활용해 즐겁게 배우도록 하면 어떨까요. 엄마도 아들과 함께 배우며 교양을 익힌다고 생각하면 모두에게 유익한 시간이 됩니다.

사회에는 여러 주제가 있습니다. 만일 아들이 중학교 입학을 앞두고 있다면 시사 문제와 지리, 역사 공부는 필수죠. 꼭 진학 대비가 아니더라도 사회 과목은 알아두면 살면서 도움이 되는 주제들을 많이 포함하고 있으므로 미리 공부해서 손해 볼 일은 없습니다.

시사 분야라면 '우리나라의 철도는 어디까지 운행할까' 하고 철도 관련 문제로 연결시킬 수 있습니다. 남자아이는 본래 기차나 자동차와 같은 교통수단에 관심이 엄청 많습니다. 평소에 뉴스나 신문, 사진 등을 보며 "우리나라의 초고속열차는 부산까지 연결되어 있대" 하는 한 마디로도 아들의 흥미를 끌 수 있습니다.

지리 문제라면 전국 행정구역의 이름을 적어보는 것으로 시작할 수 있어요. 냉장고나 방문에 지도를 붙이고 전국 각도의 도청 소재지, 그리고 광역시를 함께 찾아보세요. 책상에 앉아서 억지로 외우게 하는 것보다 한결 아이의 기억에 오래 남습니다.

지역 특산물을 외워야 한다면 남자아이에게 인기 만점인 기차놀이 세트와 지역명 카드를 활용한 놀이를 추천합니다. 방법은 간단합니다. 우선 카드 가장자리에 빨래집게 두 개를 꽂아 세운 다음, 그 카드를 기차역이라고 가정하세요. 강릉이라고 쓴 카드를 강릉역이라고 하고 "KTX가 강릉역에 정차했어. 참고로 강릉은 오징어가 유명한 곳이야" 하고 알려주는 거예요. 지역 이름과 특산물을 자연스럽게 연결해 기억하기 쉬워집니다.

이처럼 아들이 좋아하는 대상과 연관시키면 기억력은 월등히 향상됩니다.

❝ 아들의 학습의욕을 끌어내는 엄마의 한 마디 ❞

#1 "KTX는 부산까지 이어진대."

#2 "충청북도의 도청 소재지는 청주야."

#3 (기차놀이 중에) "KTX가 강릉역에 정차했어. 참고로 강릉이 있는 강원도는 옥수수가 유명하대."

#4 "포항은 철강 산업으로 유명해."

· · · · · · · · · · · · · · · · · · · 💡 Point · · · · · · · · · · · · · · · · · · ·

남자아이가 좋아하는 기차놀이는 사회 과목을 공부하는 훌륭한 도구입니다.
아들에게 친숙한 장난감을 공부에 활용해보세요.

[영어] 몸을 움직이며
단어를 익히게 하세요

해마다 영어를 배우기 시작하는 아이의 연령은 점점 낮아지는 추세입니다. 영어는 접하는 시간에 비례해 성적이 오르는 과목이므로 일찍 배우는 게 아무래도 유리하죠.

  "어릴 때는 모국어부터 제대로 익혀야 하지 않을까요?"
  "2개 국어를 동시에 배우는 건 아이에게 지나친 부담이 될 것 같아요"

아이의 영어 교육에 우려 섞인 의견을 보내는 부모도 적지 않습니다. 각자 나름대로 교육 철학이 있을 테지만 앞으로 아이가 살아갈 미래를 생각하면 개인적으로는 이른 나이부터 영어를 익히는 편이 좋다고 생각합니다.

과거에는 영어 과목에서 읽기와 쓰기가 중심이었다면, 지금은 듣기와 말하기의 중요성이 훨씬 높아져 학교와 사회 모두 보다 종합적인 영어 능력을 요구하고 있습니다. 대학수학능력시험을 대비하는 의미에서도 가급적 이른 시기부터 아이가 영어와 친해진다면, 본격적으로 학습의 영역으로 넘어갈 때 좀 더 수월하게 받아들일 겁니다.

영어는 두 살부터 가르쳐도 이르지 않아요

* * *

남자아이들은 몇 살부터 영어를 접하는 게 적절할까요? 초등 2~3학년부터 배우기 시작한다면 공부의 진입장벽이 다소 높다고 느낄 수 있습니다. 아이가 슬슬 자신의 영어 발음을 또래와 비교하며 의식하게 되는 시기니까요.

일반적으로 아이가 두 살쯤 되면 부모의 말을 따라하며 입에 익히기 시작합니다. 저는 영어 역시 귀로 듣는 언어를 그대로 입으로 말하는 두 살 무렵이 접해야 할 최적의 시기라고 생각합니다. 서너 살도 늦지는 않으나 되도록 어릴 때부터 언어를 접하면 빠르게 습득하게 되니까요.

그렇다면 남자아이는 어떤 식으로 영어를 접하면 좋을까요? 몸짓이나 종이를 사용해 언어를 자연스레 익히는 방법을 추천합니다. 유아 시기라면 엄마표 글자 놀이로 '오리', '사과' 같은 단어 카드를 보여주면서 'Duck', 'Apple'처럼 영어를 세트로 가르쳐주면 더 쉽게 기억합니다. 서점에서 아이 연령대에 맞는 영어책과 카드를 구매해 함께 읽어보세요.

영어 공부에 몸 움직임을 응용하면 훨씬 아이 기억에 잘 남습니다. 언젠가 아이가 다니던 국제학교에 갔는데 선생님이 "Give me five!"라고 외치며 학생들과 힘차게 하이파이브를 하더군요. 이 문장을 글자 그대로 직역하면 "5개 주세요" 하는 말이지만 실제로는 "좋아! 잘했어!" 하는 관용적 표현으로 사용하죠. 이처럼 말과 동작을 세트로 익히면 본뜻을 기억하는 데 훨씬 효과적입니다.

영어는 학원에서 정해진 시간에 집중해서 배우는 것보다 집에서 날마다 가볍게 접하게 해주는 게 훨씬 효과가 좋습니다. 학원에서 배우면 기껏 주 1~2회 정도지만 집에서라면 아이가 조금씩이라도 날마다 영어에 노출될 확률이 높으니까요. 요즘은 유튜브로 영어 노래를 쉽게 찾아볼 수 있으니 음악을 틀어놓기만 해도 공부가 됩니다. 매일 영어 카드를 보여주며 단어를 읽어보기만 해도 듣기가 향상되지요.

가족이 모여 식사를 하면서 영어를 섞어 대화하는 것도 유용한 방법입니다. 유창하지 않아도 괜찮습니다. 예를 들어, 간장이 필요할 때 "Could you please pass me soy sauce?" 하고 말해보는 거죠. 아이에게 책상을 닦으라고 요청할 때 "Please dry your table"이라고도 말해보세요. 쉬운 일상 대화부터 시작하면 머지않아 아이도 영어가 자연스럽게 입에 붙습니다.

반복해서 말하지만, 영어는 노출 시간에 비례해 실력이 올라가는 과목입니다. 특히 남자아이에게는 더 중요해요. 단 몇 분이라도 좋습니다. 날마다 아들과 함께 영어를 접하는 시간을 조금씩 늘려보세요.

학교에서 배우는 과목을 영어로 말해보세요!

국어   Korean

수학   Mathematics

과학   Science

사회   Social Studies

영어   English

음악   Music

미술   Arts and Crafts

체육   Physical Education

· ⏻ Point ·

영어 공부는 두 살부터! 대화와 동작을 세트로 활용해서 아들이 자연스럽게 영어를 익히도록 해주세요.

Part4.

아들의
공부의욕을
높이는
생활습관

보상과 계획표을 활용하면
자기주도 학습이 가능해요

아들이 좋아하는 게임을 하도록 허락해주거나 간식을 주는 등의 적절한 보상은 남자아이의 공부의욕을 끌어내는 데 매우 효과적입니다. 이때 꼭 알아둬야 할 포인트는 '시간 정해두기'입니다.

예를 들어, 숙제하는 시간을 15분이라고 정하는 거예요. 그리고 "시간 내에 숙제를 마치면 아이스크림을 먹어도 좋아", "15분 안에 숙제를 하면 게임 시간을 10분 더 연장해줄게" 하는 식으로 보상도 함께 제시하는 겁니다. 다만, 남자아이의 짧은 집중력을 고려해 1시간처럼 지나치게 긴 시간으로 정하지 않는 게 좋습니다.

초등 남자아이에게 스스로 목표를 세워보라고 말해도 아직은 현실적으로 불가능한 얘기입니다. 따져보면 어른도 단기 목표는 간단히 떠올려도 '올해 해야 할 일'처럼 장기 목표는 세우는 데 상당한 시간이 걸리잖아요. 초등 남자아이에게는 처음에는 보상 자체가 목표여도 괜찮습니다. 아이도 좋아하는 것을 하기 위해 공부할 의욕을 높일 테니까요.

간혹 "그러다가 아들이 보상이 주어지지 않을 때는 조금도 움직이지 않게 되면 어쩌나요" 하고 걱정하는 부모들도 있을 겁니다. 그러나 안심하세요. 나이가 들면서 남자아이들도 스스로 적절한 목표를 찾아갑니다.

- ♀ Point -

아들이 어릴 때는 좋아하는 것을 보상으로 정해 공부의욕을 높여보세요.

게임을 시간 관리의 도구로
활용하세요

아들 키우는 엄마와 이야기를 나누다 보면, 특히 게임에 푹 빠진 아들 때문에 골치가 아프다는 하소연을 많이 듣습니다. 도전과 승부에 목매는 남자아이의 기질을 고려하면 게임이야말로 더할 나위 없이 매력적인 장난감이죠.

다짜고짜 게임을 못 하게 하면 아들의 반감만 불러일으킬 뿐이니, 오히려 게임을 적절히 활용해보면 어떨까요? 당근 전략으로 아들의 생활습관을 바꿔보는 겁니다.

일례로 '게임은 아침에만 하기'와 같은 규칙을 정해보세요. 늦

잠과 지각을 밥 먹듯이 하며 엄마 속을 있는 대로 썩이던 아들도 게임을 하겠다는 일념 하나로 꼭두새벽부터 일어나는 놀라운 장면을 연출할 겁니다. 마치 우리가 어렸을 때 일요일 아침에 방영하는 재미있는 텔레비전 만화가 보고 싶어서, 엄마가 깨우지 않아도 시간이 되면 눈이 저절로 번쩍 떠졌던 것과 같은 이치죠.

"학교 갈 준비랑 아침밥 먹기를 다 하면 등교하기 전까지 남은 시간은 게임을 해도 좋아."

아침마다 늦장을 부리며 늦잠을 자면서 엄마 진을 쏙 빼놓던 아들이 언제 그랬냐는 듯 일찌감치 일어나 학교 갈 준비를 척척 마치는 기적을 경험하게 될 것입니다.

"다른 친구는 다 게임을 하는데 우리 아이만 못 하게 하면 소외당하지 않을까요?"

엄마로서 이런 걱정이 든다면 스스로 질문을 던져보세요. '아이를 어떻게 키울 것인가?' 단순히 내 아이 기죽일 수 없다는 마음에 받아주는 게 아니라, 부모의 육아 철학을 기준으로 심사숙고한 뒤에 결정해야 할 문제라고 생각합니다.

저는 아이에게 초등학교 때까지 일절 게임기를 사주지 않았습니다. 6년간 게임을 하지 않는다고 해도 교우 관계에 지장이 없으리라 판단한 까닭입니다. 친구 집에 모이면 모두가 게임을 하니 딸이 위축되지 않을까 걱정도 한 게 사실이에요. 그러나 친구들끼리 게임기나 스마트폰을 서로 빌려주면서 별문제 없이 즐겁게 지내더군요.

요즘은 대부분 아이들이 게임기를 가지고 있거나 스마트폰을 이용해 게임을 즐깁니다. 그러니 부모 입장에서 우리 아이만 게임을 못 하게 해 친구들 대화에 끼지 못하면 어쩌나 불안해하는 것도 당연합니다. 하지만 게임기나 스마트폰이 없어 게임을 잘 할 수 없다고 왕따를 당하는 일은 거의 없습니다. 부모의 막연한 불안감으로 아들이 이른 나이에 과도한 자극에 노출되는 건 아닌지 진지하게 고민해보세요.

게임기나 핸드폰을 사줄 때 규칙을 정하세요

• • •

아들이 핸드폰을 갖게 되면 게임에 빠질 가능성은 한층 커집니다.

특히 스마트폰으로 온라인 소통이 가능해지면 자기 통제력이 부족한 아이들은 SNS에 급속도로 빠져들기 마련이죠. 만일 이런저런 이유로 게임기나 핸드폰을 사주었다면, 처음부터 규칙을 정해서 부작용을 최소화할 필요가 있습니다.

'학교에서 돌아오면 게임은 20분'처럼 시간을 정해두거나 '규칙을 위반했을 시 3일 동안 사용금지' 하는 식으로 벌칙을 정해두세요. 게임기나 핸드폰을 아들에게 사주었을 때 가장 큰 문제는 스스로 시간을 관리하기 힘들다는 점입니다. 시간 관리를 못 하는 습관은 어른이 되어서도 치명적인 약점으로 작용하죠.

어쩔 수 없이 핸드폰을 사줘야 한다면 이를 아들의 시간 관리 능력을 키우는 도구로 활용해보세요. 우선 사용 시간과 충전하는 장소를 미리 명확히 정해둡니다. 아들에게 핸드폰을 특정한 장소에 두고 일정한 시간에만 사용하는 기계로 인식시키면, 부모가 언성을 높일 일도 줄고 아들 역시 좋아하는 일을 하면서 시간 관리 능력을 키울 수 있어요.

다시 이야기하지만 중요한 점은 게임기나 핸드폰을 사기 전에 아들과 사용 규칙을 명확히 정해두는 것입니다. 사준 이후에 정하면 이미 게임의 달콤한 자극을 맛본 아들은 규칙을 지키지 않을 확률이 매우 높습니다.

아이가 게임에 중독되면 부모와 심각한 갈등 상황으로 치닫는 건 시간문제예요. 사주기 전에 반드시 사용 규칙과 벌칙 사항을 정해두어 아이의 통제력을 길러주세요.

Point

게임은 되도록 아침에 하도록 해보세요. 미리 규칙과 벌칙을 정하면 게임을 하면서도 아이의 시간 관리 능력을 키워줄 수 있어요.

아들이 인터넷 중독에
빠지지 않게 하는 방법

인터넷 역시 아들에게 허용하기 전에 규칙을 정해두는 것이 좋습니다. 인터넷은 공부용 동영상 등 유익한 콘텐츠도 많이 활용할 수 있는 플랫폼입니다. 그래서 부모 입장에서는 어디까지 제한해야 할지 고민에 빠지기 마련입니다.

그러나 초등 저학년 남자아이는 자기 통제력이 부족하므로 부모가 시간과 금액의 상한선을 세운 다음 그 범위 안에서 즐기도록 이끌어줄 필요가 있습니다.

"인터넷은 밤 10시까지만 하는 거야."
"통신요금이 이 금액을 초과하면 네 용돈에서 지불해야 해."

이처럼 구체적으로 시간과 금액을 정해두고 아들 스스로 관리하게 하세요. 아들이 인터넷을 사용하기 전에 미리 규칙을 정해두는 것이 가장 좋은 방법이지만, 이미 인터넷을 사용하고 있는 상황이라면 이렇게 말해보세요.

"네가 인터넷을 지나치게 많이 하면 숙제하거나 잘 시간이 줄어드는 거야. 오늘부터 인터넷 사용 시간을 정해두자. 몇 시부터 몇 시까지 하고 싶어?"

큰 틀은 엄마가 정하고 구체적인 시간은 아들이 선택하게 한다면 큰 불만 없이 응할 거예요.

아들이 성인 사이트에 접속했다면 이렇게 하세요

• • •

초등생 아들이 인터넷을 접하게 되면 성인 사이트에 노출될 확률도 크게 높아집니다. 우선 남자아이가 성인물에 호기심을 느끼는 건 지극히 당연한 본능임을 엄마가 이해할 필요가 있어요. 아들이 성인 사이트에 접속했다고 해서 다그치거나 화내지 마세요.

요즘은 초등학생들이 미래 직업으로 '유튜버'를 꼽는 세상입니다. 아이들 사이에 인터넷 검색이 일상화되면서 성인 사이트를 접하는 일은 너무나 쉬워졌죠. 아무리 부모가 철저히 차단한다 한들 아이가 맘만 먹으면 얼마든지 접속이 가능합니다.

현실적으로 아들의 성인 사이트 접속을 완벽히 막기 불가능하다면, 미리 성교육을 해서 건전한 성 관념을 심어주는 게 필요해요. 그래야 야한 동영상을 우연히 접하더라도 혼란에 빠지거나 중독될 확률이 낮습니다.

엄마가 아이와 허심탄회하게 성에 관해 대화를 나누려고 해도 막상 아들 앞에 서면 말문이 막히는 경우가 많을 겁니다. 그러나 아들을 가진 부모라면 누구나 겪어야 할 과정이니 외면하지 마세요. 아들의 정상적인 욕구는 인정해주되 솔직하게 대화로 풀어나간다면 아들도 수치심이나 죄책감을 느끼지 않고 편안하게 받아들입니다.

한 엄마가 고등학교 졸업을 앞둔 아들에게 "지금까지 여자친구와 성관계를 가진 적이 있니?" 하고 물었더니 다음과 같은 대답이 돌아왔다고 합니다.

"시도는 해봤는데 영 꽝이었어."

부모 자식 사이에 이런 이야기를 스스럼없이 나눌 수 있다면 아들이 행여나 '사고'를 칠까 봐 걱정할 필요가 없습니다. 성에 대해 툭 터놓고 대화하는 가정에서는 아들이 이성 문제로 고민이 있을 때 부모가 든든한 조언자가 되죠.

평소에 부모와 잘 소통하는 아들은 이성과 신체 접촉을 했을 때도 감추지 않고 자연스럽게 애기합니다. 공개적으로 자신의 성을 이야기할 줄 아는 아이는 혼자서 은밀하게 성을 다루는 아이에 비해 성범죄에 휘말릴 가능성도 적어요.

안타깝게도 집에서 이루어지는 성교육은 여전히 부족한 상황입니다. 오죽하면 남자아이들은 '야동'으로 성을 배운다는 말이 있을까요. 문제는 대다수 성인물이 정상적인 성관계를 표현하지 않는다는 사실에 있습니다. 음란물 산업이 확장되면서 소아성애나 가학적 성관계 등을 담은 과도하게 폭력적이고 자극적인 영상도 쏟아지고 있습니다.

제대로 된 성교육 없이 백지상태에서 성인물을 접한 남자아이는 다분히 왜곡된 성 관념을 형성하게 되고, 현실에서 과도한 자극을 추구할 소지가 큽니다. 평소 질 낮은 농담이나 불쾌한 음담패설을 일삼는 성인들을 생각해보세요. 이 모두 가정에서 올바른 성교육을 받지 못한 탓입니다. 어릴 적부터 가정에서 제대로 성교육을 받았다면 이런 부작용을 최소화할 수 있어요.

부모가 초등 저학년 아들에게 성교육을 할 때는 어떻게 접근해야 할까요? 일단 과학 과목에서 배우는 내용을 토대로 자연스레 운을 떼어보세요.

"아기는 어디서 나오는지 아니?"

"엄마 뱃 속에서" 하는 대답이 돌아오면 다음과 같이 설명해주세요.

"사실은 대변과 소변이 나오는 부위 사이에 질이라는 여성 생식기가 있는데 아기는 그곳에서 나온단다."

　동물 이야기를 하듯 말을 건네면 아들은 별 거부감 없이 받아들입니다. 그렇게 대화의 물꼬를 튼 다음 술술 진도를 나가는 거예요. 성을 주제로 이야기한다고 생각하면 아들과의 대화에 진입장벽이 높지만, 과학 상식을 알려준다고 생각하면 한결 쉬워져요. 특히 객관적인 신체 용어를 사용하면 자연스럽게 대화를 이어갈 수 있습니다.

　아울러 성교육은 사춘기가 시작되는 초등학교 고학년 전, 그러니까 대략 열 살 이전에 시작하는 게 바람직합니다. 그래야 아들이 스스럼없이 받아들여요.

· · · · · · · · · · · · · · · · · · · 💡 Point · · · · · · · · · · · · · · · · · · ·

아들의 성교육은 빠를수록 좋습니다. 올바른 지식을 알려주고 건전한 성 관념을 심어주세요.

아들 훈육은
축구 시합이라고 생각하세요

아이는 부모의 말이 아닌, 행동을 보고 태도를 결정합니다. 보통 아이가 말만 앞세우고 정작 행동을 하지 않으면 부모는 크게 야단을 칩니다. 아이라고 다를까요? 부모가 한 말과 행동이 다르면 아이는 부모 말을 우습게 보기 시작합니다. 더구나 딸보다 물리적으로 힘도 세고 잠시도 가만히 있지 못하는 아들을 훈육하려면 부모의 태도는 더 중요합니다.

아들을 통제하려면 엄마의 단호한 의지가 필요해요

• • •

한 엄마가 아들이 규칙을 어기자 '일주일간 게임 금지'라는 벌칙을 주고 게임기를 숨겨두었다고 합니다. 그런데 아들이 기어코 게임기를 찾아내서는 몰래 몇 번 게임을 했고, 그 사실을 알게 된 엄마는 당연히 화가 머리끝까지 치솟았지요. 하지만 "이번 한 번만이야" 하고 넘어갔다는군요. 이런 행동이야말로 부모 스스로 권위를 깎아내리는 것입니다. 아들이 규칙을 어겼다면 부모가 게임기를 쓰레기통에 갖다버릴 정도의 단호한 의지를 보여야 합니다.

'비싼 건데 버리기엔 아깝지.'
'할머니가 모처럼 손자한테 사준 건데⋯⋯.'

이런 생각이 들어서 부모가 한 번쯤은 봐주자 하고 한 행동일 수 있습니다. 하지만 부모가 상황과 기분에 따라 규칙을 넘나들면 아들에 대한 통제력을 잃게 됩니다.

이때 게임기를 버리는 등의 단호한 행동을 하지 않으면 어떻게 될지 상상해보세요. 부모 마음이 느슨해져 규칙에 예외를 두기 시작하면, 아들은 '이번에 봐줬으니 다음번에도 어떻게든 되겠지' 하며 갖가지 방법으로 부모를 시험하려 듭니다.

게임기를 버려 경제적 손해를 보는 것과 아들에게 권위와 신뢰를 잃어버리는 것, 어느 쪽이 더 큰 대가를 치르는 것일까요? 기억하세요. 부모가 단호한 의지를 보여야 아들이 부모 말을 수긍합니다.

약속을 어기면 바로 벌칙을 적용하세요

• • •

저는 집에서 아이에게 "안 돼" 하고 말하는 일이 거의 없습니다. 그러나 아이는 직감적으로 압니다. 제가 "안 돼" 하고 한 번 말하면 하늘이 두 쪽 나도 절대 해서는 안 된다는 사실을요.

예를 들어 "식당에서 소란을 피우면 당장 집으로 돌아올 거야" 하고 식당에 들어가기 전에 아이에게 당부했다고 해볼까요. 그런데 아이가 소란을 피웠습니다. 다른 엄마는 잔소리 한 번 하고 그냥 넘어가거나 따끔하게 주의를 줄지 모르지만, 저는 일언반구도 없이 곧바로 자리에서 일어납니다. 아이도 제가 그럴 걸 알기에 약속을 지키죠. 그곳이 놀이동산이든 고급 호텔이든 장소는 상관없습니다. '약속을 어기면 즉각 벌칙을 준다!' 이것만 지키면 됩니다.

제가 운영하는 가정학습아카데미협회에 소속된 부모님들도 이런 훈육법을 꾸준히 실천하고 있습니다. 그중에는 하와이로 가족여행을 갔다가 아이가 약속을 깨는 바람에 그 즉시 짐을 싸서 돌아왔던 '열혈맘'도 있어요. 주변에서는 너무 지나친 처사가 아니냐는 반응도 적지 않았지만, 이후에 아이의 태도가 완전히 달라졌다며 기뻐하더군요.

'어린아이인데 실수를 너그러이 봐주지 않다니 과하다', '비싸게 돈을 지불했는데 포기하기엔 아깝다' 하는 식으로 말하는 부모도 많습니다. 그러나 아들이 약속을 깼는데도 못 이기는 척 눈감아주기 시작하면 앞으로 아들과 십 년 이상 격렬한 전쟁을 치를 각오를 해야 합니다.

'엄마는 맨날 말로만 그러고 실제로는 그냥 넘어간다'라고 아들이 인식하기 시작하면 같은 잘못을 매번 되풀이하고, 엄마는 아들을 통제하기 힘들어집니다. 아들이 엄마 말을 무시해 두고두고 고생하느니 차라리 처음 잘못을 했을 때 뒤도 안 돌아보고 말한 바를 실행하는 편이 심적으로도 경제적으로도 이득입니다.

어릴 적부터 부모가 단호한 의지를 보여주지 않으면, 아들의 사춘기가 시작되는 중학생 이후에는 걷잡을 수 없습니다. 벌칙을 아무리 얘기해도 아들의 반감만 불러일으켜 관계가 악화될 뿐이죠.

그동안 '엄마는 한 말을 반드시 지킨다'라는 의지를 아들에게 얼마나 보여 왔는지 되돌아보세요. 훈육은 축구 시합과 같습니다. 반칙했다고 심판이 선수에게 화를 내고 비난하나요? 선수에게 반칙내용을 알리고 페널티를 부과하면 그만입니다.

규칙과 벌칙을 활용해 올바른 생활습관을 만들어주세요

• • •

규칙과 벌칙은 비단 게임뿐 아니라 일상생활에서도 활용할 수 있습니다. 텔레비전에 정신이 팔려 밥을 먹는 둥 마는 둥 하거나 밥알을 하나하나 세면서 엄마의 인내심을 시험하는 아들이 있습니다. 참다 못해 잔소리를 해도 소귀에 경 읽기. 마냥 천하태평인 아들을 보면 속에서 천불이 나서 결국 버럭 소리를 지르기 일쑤죠.

이럴 때도 규칙을 정하고 위반하면 벌칙을 부과해보세요. 아들에게 짜증을 부리며 감정을 소모할 일이 없습니다. 예를 들어 "학교에 가야 하니 시계 긴 바늘이 7에 올 때까지 밥을 먹어야 해" 하고 아들에게 말한다고 해볼까요. 약속 시간이 되면 가차 없이 그릇을 치우세요. 아들이 더 먹게 해달라고 투정을 부려도 절대 봐주지 마세요.

최악의 훈육은 잔소리하면서도 끝내 아들 말을 들어주는 것입니다. 규칙대로 실행하면 화내는 일 없이 상황이 종료되고 아들도 규칙을 몸에 익히게 됩니다. 먹을거리가 넘쳐나는 세상에서 한 끼 덜 먹었다고 건강을 해치지 않습니다. 오히려 살짝 허기진 채로 학교에 가면 급식을 훨씬 맛있게 먹을지도 모르죠.

아들과 규칙을 정해놓고도 부모 스스로 규칙을 가볍게 여긴다면, 아들 역시 부모의 모습을 고스란히 따라합니다. 아들이 규칙을 지키기 바란다면 부모 먼저 모범을 보이고 규칙을 어겼을 때는 흔들림 없이 단호한 의지를 보여주세요. 규칙에 결코 예외가 없다는 사실을 깨닫게 되면 아들은 차분히 부모 말에 수긍합니다.

· ♀ Point ·

훈육의 기본은 단호한 태도와 일관성입니다. 아들과 만든 규칙은 반드시 지키고 어기면 그 즉시 벌칙을 적용하세요.

아들에게 서툰 일을
억지로 시키지 마세요

공부 이외에도 집안일을 야무지게 잘하는 아이로 아들을 키우길 원하는 엄마가 많습니다. 아들이 동생을 잘 돌보고 집안일도 척척 한다면 얼마나 듬직할까요. 특히 부모가 함께 일하는 맞벌이 가정이라면 정말 든든할 거예요.

그런데 한 번 생각해봅시다. 부모는 왜 아이에게 집안일을 시킬까요? 물론 못하는 것보다 잘하는 편이 좋으니까 그렇겠죠. 마치 영어를 못하는 것보다 잘하는 편이 좋다고 막연히 생각하는 것처럼요.

저는 아이의 자립심을 키우는 데 직접적으로 관계없는 일은 일부러 시킬 필요가 없다고 생각합니다. 집안일도 마찬가지예요. 그것보다는 1장에서 이야기했듯이 아이가 무엇을 하고 싶은가를 배우는 일이 훨씬 중요합니다.

아들에게 집안일을 시키려면 인내력이 필요해요

• • •

아들에게 집안일을 시켜본 엄마들은 아마 잘 알 겁니다. 아들의 모습을 지켜보는 데 상당한 인내력이 필요하다는 사실을요. 당연히 아들이 뭘 해도 엄마 눈에는 차지 않기 때문이죠.

쌀을 씻으라고 하면 십중팔구 절반은 엎질러버리고, 아들이 늦장을 부리는 사이 어느새 쌀은 퉁퉁 불어버립니다. 기껏 시켰더니 슬금슬금 꾀만 부리며 얼렁뚱땅 해치우려는 아들을 보면 엄마는 한숨이 절로 나오죠.

아들은 딸보다 기본적으로 덜렁대고 칠칠치 못한 구석이 있어요. 그런 남자아이에게 꾸준히 집안일을 시키고자 한다면 엄마가 결과물이 성에 차지 않아도 너그러이 봐줄 수 있는 마음의 여유를 가져야 합니다. 엄마 기분에 따라, 어쩌다 생각날 때만 집안일을 시킨다면 아들 반응도 시큰둥하고 결과도 탐탁지 않아 흐지부지될 공산이 큽니다.

휴일에 쿠키를 굽거나 샌드위치를 만드는 일 등과 같은 일회성 이벤트라면 상관없어요. 그러나 꾸준히 집안일을 시키려면 엄마의 인내심이 순간순간 한계에 다다르기 마련입니다. 굼뜨고 탐탁지 않은 아들 모습을 느긋하게 봐줄 마음의 여유가 없으면, 실수한 순간 자신도 모르게 벌컥 짜증을 내버리게 되죠. 설상가상으로 부모의 부정적인 반응을 접한 아들은 집안일에 급속도로 흥미를 잃게 됩니다.

"욕실을 청소하라고 귀가 닳도록 말했는데 들은 척도 안 해요."
"자기 세탁물은 스스로 방 한쪽에 개어놓으라고 했는데 번번이 잊어버려요."

규칙을 만들어도 아들이 따르지 않아 스트레스를 받는 엄마가 많습니다. 스트레스를 받으면 감정적으로 반응하기 쉽죠. 차라리 처음부터 그런 규칙을 만들지 않았다면 최소한 아들에게 화를 낼 일은 없을 텐데 말이에요.

아들이 집안일에 수월해질 때까지 평정심을 유지하며 시간을 투자할 만한 상황이 아니라면 억지로 시키면서 스트레스 받지 마세요. 집안일 좀 못한다고 큰일 나지 않습니다. 뒷정리는 엄마가 재빨리 해치우는 편이 낫다고 생각하면 해버리면 되고, 아들에게 느긋하게 맡겨도 좋다면 시키면 됩니다.

일단 아들에게 집안일을 시켰다면 죽이 되든 밥이 되든 믿고 맡겨주세요. 결과가 신통치 않더라도 칭찬과 격려를 아끼지 마세요.

"고마워. 네 덕분에 한숨 돌렸네."

'I-메시지'로 고맙다는 말을 들은 아들은 자신이 가족에게 보탬이 됐다는 자부심을 느끼고 더욱 의욕을 가지게 될 겁니다.

아들과 스스로를 동일시하지 마세요

● ● ●

아들이 인사를 잘하거나 성적이 좋거나 집안일을 잘하면 주변에서 보는 눈이 달라집니다.

"○○는 정말 예의 바르고 똑똑하네요."

내 아이가 남들에게 좋은 평가를 받으면 부모는 자신이 칭찬받은 것처럼 뿌듯합니다. 하지만 아이를 통해 자신의 평가를 높이려고 하지는 마세요. 말썽부리는 아이를 혼내는 엄마 마음속에는 '아이의 평가=나의 평가'라는 인식이 존재합니다. 아이가 조금만 유별나게 행동하면 남들이 이상하게 볼 것만 같고, 이는 곧 자신에 대한 비난이라고 받아들이죠. 이런 경우, 아이를 훈육하면서 감정적으로 폭발하기 쉽습니다.

물론 아들이 원만히 사회생활을 하려면 예의범절을 익혀야 합니다. 하지만 이는 어디까지나 아들을 위한 것이지 엄마를 위한 것이 아니에요. 엄마가 아들을 자신처럼 생각하기 시작하면 과도하게 다그치고 상처를 줄 수 있습니다.

대학생 아들이 집에 온 손님에게 차를 내오지 않았다고 해서 그것이 부끄러운 일은 아닙니다. 사회에 나가면 자연스럽게 배울 기회가 있습니다. 우리 아이도 어릴 적부터 집안일을 시킨 적이 없지만, 지금은 바쁜 엄마를 대신해 청소나 빨래를 야무지게 하는 기특한 아이가 되었죠.

2장에서도 이야기했듯이 예의범절 문제도 사회인이 되었을 때 아들이 잘 해낼 수 있을지 염두에 두고 생각해보세요. 아들이 기대한 모습에 부응하지 않는다고 비난한다면 마음만 상하고 관계도 나빠집니다. 차라리 그 시간에 엄마도 아들도 좋아하는 일을 하며 즐 겁게 보내는 게 훨씬 좋습니다.

Point

자신이 좋은 엄마로 보이고 싶은 마음에 아들에게 억지로 집안일을 시키지 는 마세요.

부모의 역할을
분담하세요

훈육이 잦으면 효과가 떨어져요

• • •

아들을 키우다 보면 조용히 넘어가는 날이 하루도 없습니다. 툭하면 사고를 치는 통에 엄마는 가슴 깊은 곳에서부터 부아가 치밀어 오르죠. 차분하게 타일러도 그때뿐, 도를 닦는 심정으로 화를 참아 보지만, 보란 듯이 장난을 치는 망아지 같은 아들 때문에 결국 큰소리가 나고 맙니다.

그래서 이번에는 가능한 화내지 않고 아들을 대하는 방법을 소개해보려고 합니다. 예를 들어, 식당에서 아들이 유리컵에 젓가락을 넣고 빙빙 돌리고 있다고 해볼까요. 물론 식사 예절이나 공공장소에서 지켜야 할 예의에는 다소 어긋나는 행동일 수 있습니다. 그러나 부모가 아들이 한창 흥미로운 실험 중이라는 것을 이해할 필요가 있어요.

이럴 때는 혼을 내거나 훈육을 하기보다 "그러면 유리컵이 깨질지도 모르니까 엄마가 단단히 잡고 있을게" 하고 아들에게 도움의 손길을 내밀어보는 건 어떨까요? 오히려 아들의 위험한 행동을 조장하는 게 아닐까 고민되는 부모도 있을 텐데 걱정할 필요는 없습니다. 부모의 제지 없이 실컷 하다 보면 아들은 금세 질려서 그만둘 테니까요.

많은 부모들이 아이에게 예의범절을 제대로 가르치기 위해 훈육을 합니다. 그러나 훈육이 잦을수록 효과는 점점 떨어진다는 사실을 명심하세요. 특히 아들은 원래 남의 말을 주의 깊게 듣지 못하는 존재입니다. 안 그래도 집중력이 부족해 말귀를 잘 못 알아듣는데 일상적으로 혼이 나면 어느 순간 아들은 영영 귀를 닫아버릴지도 모릅니다. 당근이든 채찍이든 가끔 주어져야 효과를 발휘하는 법입니다.

아들의 훈육을 아빠에게 미루지 마세요

. . .

엄마가 아무리 주의를 줘도 아들이 한 귀로 듣고 한 귀로 흘려버리면, '내가 여자라서 아들이 만만하게 보는 건가' 싶어 아빠에게 엄한 훈육자 역할을 맡기는 경우가 있습니다. 개인적으로 저는 이것에 반대합니다. 일반적으로 아이는 아빠보다 엄마와 지내는 시간이 많습니다. 그런데 갑자기 아빠가 등장해 혼을 내면 아이가 납득할 수 있을까요?

회사에서 거의 마주할 일이 없는 임원이 어느 날 갑자기 불러 업무 태도에 대해 야단을 쳤다고 해볼까요. 내용은 둘째 치고 '왜 내가 저 사람한테 이런 말을 들어야 하지?' 하는 생각이 들어 황당하고 언짢아지기까지 합니다. 감정적으로 반발심이 생기니 순순히 납득할 리 만무하죠. 아들도 마찬가지입니다.

아빠가 주양육자가 아니라면 아빠에게는 아들과 놀아주는 역할을 맡기는 편이 좋습니다. 게다가 아빠는 아들과 같은 남자이기 때문에 놀이 성향이 엄마보다 더 잘 맞을 수 있어요. 엄마에게 지적을 받더라도 아빠와 함께 실컷 뛰어놀고 승부욕을 자극하는 놀이에 집중하다 보면, 훈육 중에 생긴 응어리진 마음도 스르르 풀어집니다.

엄마가 훈육한 뒤 아들과 함께 놀거나 다독이며 마음을 풀어주는 경우도 있을 거예요. 그러나 엄마가 모든 부담을 질 필요는 없습니다. 아빠가 아들과 놀아주는 역할을 맡고, 마음은 아들 스스로 다독이게 해주세요. 이렇듯 부모가 역할을 분담하면 아들도 잘 따라옵니다. 일단 역할이 정해졌다면, 아들이 갑자기 차도로 뛰어들거나 높은 곳에서 뛰어내리는 일 같은 위험하고 긴급한 상황 이외에는 각자의 역할에 충실해도 좋아요.

· 💡 Point ·

아들을 훈육하는 역할과 놀아주는 역할을 부모가 분담해보세요.

아들은 '그 장소에서, 즉시' 훈육해야 해요

아이를 키우다 보면 어쩔 수 없이 야단쳐야 하는 상황이 생깁니다. 이때 반드시 유의해야 할 점이 있어요. 아들과 딸은 훈육이 적절한 때와 장소가 다르다는 것입니다. 아들은 '그 장소에서, 즉시' 훈육해야 합니다.

아들에게는 시간이 지나면 훈육이 의미가 없습니다. 천성적으로 주의가 산만하고 집중력이 약한 남자아이는 그 자리에서 바로 가르치지 않으면 금세 잊어버리기 때문이죠. 물론 즉시 혼을 내도 돌아서기 무섭게 같은 말썽을 되풀이하며 엄마 속을 뒤집어 놓을지도 모르지만요. 그럴 때는 속에서 아무리 천불이 나도 '그래, 아들은 딸보다 정신연령이 두 살 어리니까……' 하고 넘겨야 엄마의 정신 건강에도 이롭습니다.

　반면 여자아이는 남의 시선에 민감합니다. 공개적으로 야단을 맞으면 망신을 당했다는 생각에 분노와 수치심 같은 격한 감정에 사로잡히고 말아요. 그래서 여자아이는 잘못을 추궁당하면 거짓말로 상황을 모면하려다 사태를 더욱 악화시키곤 합니다. 자신이 저지른 잘못보다 남들이 자신을 안 좋게 보는 것에 예민하게 반응하기 때문이죠.

　여자아이를 훈육할 때는 단둘이 있는 곳에서 조용히 하는 편이 바람직합니다. 그래야 불필요한 감정을 소모할 필요 없이 훈육의 의미가 제대로 전달됩니다. 아들과 딸을 훈육할 때는 이처럼 각자의 성향을 고려해야 할 필요가 있습니다.

　아들은 즉시 바로 그 장소에서, 딸은 단둘이 있는 곳에서 따로 불러 훈육하세요.

다툼이 생겼을 때는
여자아이에게 물어보세요

"학교에서 친구와 싸웠다는데 아들에게 아무리 물어도 입도 뻥끗
안 해요."
"아들이 하는 얘기는 두서가 없어서 들어도 무슨 말인지 도통 알 수
가 없어요."

  아들 키우는 엄마라면 한 번쯤은 해봤음직한 고민입니다. 그런
데 아들의 특성을 고려하면 지극히 자연스러운 현상이에요. 1장에
서 설명한 대로 남자아이는 상황을 객관적으로 설명하는 능력이 부

족합니다. '그때 내가 느낀 기분'은 단편적으로 전달해도 상황이 일어난 전후 사정을 조리 있게 설명하는 일에는 서툴러요.

특히 유아에서 초등학교 2학년 사이의 남자아이라면 상황을 물어도 부모가 납득할 수준의 대답을 기대하기는 어렵습니다. 답답하겠지만 일단 아들의 특성을 이해해주세요.

주변 여자아이를 통해 부족한 정보를 보완하세요

• • •

아이가 누군가와 다퉜다며 상처를 보여준다면, 엄마는 일단 전후 상황을 파악해야 합니다. 그런데 아들 가진 엄마는 객관적인 상황을 알아차리기가 여간 어렵지 않죠. 한 가지 팁을 드릴게요. 아들의 학교생활에 문제가 생겼을 때는 같은 장소에 있던 여자아이 이야기를 들어보세요. 여자아이는 기본적으로 다른 사람의 말과 행동을 관찰하고 기분을 헤아리는 능력이 탁월합니다.

아들이 들려준 이야기에 여자아이의 이야기를 보충하면 어떤 일이 있었는지 종합적으로 판단하기 한결 수월해집니다. 그렇다고 여자아이 이야기에만 집중하고 아들의 이야기를 무시하면 아들은 '엄마는 내 말을 믿어주지 않아' 하는 생각에 입을 굳게 다물어버릴

지도 모릅니다.

일단 아들의 이야기를 경청해주세요. 그리고 "그런 일이 있었구나, 혹시 그때 주변에 누가 있었는지 아니?" 하고 넌지시 물어보세요. 아들이 여자아이 이름을 댄다면 "그럼 그 아이에게도 한 번 물어볼까?" 하고 자연스럽게 말합니다. 엄마가 어디까지나 다른 아이의 이야기를 참고삼아 들어본다는 태도를 취하면, 아들을 서운하게 만들지 않으면서 폭넓게 정보를 얻을 수 있습니다.

'절반쯤 에누리해서 들어라'라는 말이 있지요. 상대의 이야기를 반만 믿으라는 뜻입니다. 만약 남자아이라면 이야기의 30퍼센트 정도만 들어주는 게 적당합니다. 나머지 70퍼센트는 주변에 있던 여자아이나 어른의 이야기로 보완하세요. 그러면 얼추 상황의 전체적인 퍼즐을 맞출 수 있습니다.

조리 있게 상황을 설명하는 또래의 여자아이를 보며 '혹시 우리 아들 언어능력이 모자란 건 아닐까' 하며 속을 태운 적이 있으세요? 안심하세요. 기본적으로 남자아이는 언어의 발달 속도가 여자아이보다 느립니다. 초등학교 저학년까지는 아들이 들려주는 이야기가 알아듣기 힘들어도 괜찮습니다.

아들이 학교생활을 잘 하는지 궁금한 엄마를 위해 한 가지 조언하자면, 평소 똑똑한 또래 여자아이의 엄마와 교류해보세요. 시시콜콜한 이야기도 세세하게 알려주는 딸을 둔 엄마를 알아두면, 학교 돌아가는 일을 파악하는 데 큰 도움이 됩니다.

· ⊘ Point ·

남자아이는 상황을 객관적으로 파악하고 명확하게 설명하는 능력이 부족합니다. 주변의 여자아이를 통해 부족한 정보를 보완하세요.

질문 방식을 바꾸면
아들의 언어능력이 향상돼요

아들의 언어능력이 부족하고 말하는 게 서툴다는 사실을 이해했다면, 어떻게 해야 부족한 부분을 채워줄 수 있을까요? 질문을 통해 아들의 언어능력을 키우는 방법을 소개합니다.

소통하는 가족 분위기가 아들의 표현력을 키워요

• • •

생각한 바를 제대로 표현할 줄 아는 아이로 키우려면 평소 아들이 부모에게 이야기하고 싶어지도록 분위기를 조성하는 것이 중요합니다. 학교에서 돌아온 아들에게 이렇게 말해보면 어떨까요?

"어서 와! 얼굴을 보니 재미있는 일이 있었나 보네. 엄마도 궁금하다. 내키지 않으면 나중에 알려줘도 돼."

"별일 없었어? 누구랑 놀았어?" 하고 아들에게 취조하듯 질문하면 안 그래도 말이 서툰 아들은 아예 입을 다물어버립니다. 특히 네, 아니오 혹은 단답형으로 대답이 나올 질문은 아이의 언어능력을 키우는 데 마이너스임을 명심하세요.

아들이 색연필을 잃어버려서 선생님에게 빨간 색연필을 빌리려고 한다고 가정해볼게요. 말이 서툰 남자아이는 대개 "선생님, 빨간 색연필을 잃어버렸어요" 하고만 말합니다. 단순한 보고에 불과하죠. "그래? 그럼 어떡한다?" 하고 선생님이 물으면 아이는 꿀 먹은 벙어리가 되고 맙니다. "선생님이 빌려주셨으면 좋겠어요" 하고 말하면 되는데 남자아이는 제대로 의사 표현을 못 하고 듣는 사람도 답답해지죠.

아들이 과묵한 성향을 타고나서 말수가 적다면 상관없지만 다른 사람과 의사소통 자체가 원만하지 못하다면 문제가 됩니다. 부모가 평소 아이와 어떤 대화를 나누는지 되돌아보세요. 취조하듯 묻거나 혹은 아들이 할 말까지 대신해버리진 않았나요?

꼬치꼬치 물으면 단답형 대답밖에 돌아오지 않습니다. 아들이 길고 자세하게 설명할 수 있는 질문을 던져서 스스로 이야기하는 습관을 길러주세요. 아울러 엄마는 아들이 이야기할 때 가급적 끊지 말고 최대한 경청해야 합니다.

문제가 생겼을 때도 엄마가 미리 해결책을 제시하지 말고 "넌 어떻게 하고 싶니?" 하고 물어보세요. 스스로 이야기하도록 질문을 바꾸는 것만으로도 아이의 언어능력이 몰라보게 향상됩니다.

· 💡 Point ·

질문 방식에 따라 아들의 언어능력이 달라집니다. 엄마의 말은 줄이고 아이의 말은 늘리세요.

육아의 최종 목표를
세우는 게 중요해요

지금까지 아들의 공부의욕을 높이는 생활습관에 대해 살펴보았습니다. 마지막으로 한 가지만 더 당부할게요. 아들 가진 엄마들과 상담하다 보면 자신의 어릴 적과 확연히 다른 모습에 스트레스를 느끼는 경우를 많이 봅니다.

"아무리 알려줘도 연필을 바르게 잡지 못해요"
"매번 주의를 줘도 자꾸 물건을 잃어버려요"

이처럼 아들이 저지르는 사소한 실수 하나에도 신경을 곤두세우며 짜증을 내기 일쑤죠. 답답하고 못마땅한 심정은 충분히 이해합니다. 어떤 땐 일부러 엄마 말을 무시하나 싶어 울화가 치밀어 오르기도 하죠. 그럴 때 잠시 생각해보세요. 육아의 최종 목표는 무엇일까요? 저는 아이를 독립적인 어른으로 성장시키는 것이라고 생각합니다.

아들이 자기 힘으로 생계를 책임지는 어른이 된다면, 부모의 역할은 끝난 셈이죠. 아들은 딸보다 정신연령이 두 살이 어리다는 점을 고려해 대략 계산하면, 아들이 어른이 되는 시점은 스물네 살 정도가 됩니다.

생각해보세요. 스물넷 나이에 걸핏하면 중요한 서류를 잊어버리는 어른은 그리 많지 않습니다. 지금은 산만하고 덜렁대는 아들일지라도 어른이 되면 자기 일은 야무지게 챙기려고 노력할 터입니다. 나이가 들면 기본적인 생활습관은 저절로 생기니까요. 그러니 지금은 물건을 잃어버렸을 때 혼을 내기보다는 대처 능력을 키워주는 편이 더 도움이 됩니다. 요즘은 빠르면 열여덟 살만 되어도 독립하는 경우가 있습니다. 초반에는 부모가 다소 생활비를 지원하더라도 떨어져 사는 편이 아이의 자립심을 키우는 데 좋습니다.

아이가 속을 썩일 때마다 스물네 살이 된 아들의 모습을 떠올려보세요. 그때가 됐을 때 자연스럽게 해결될 일이라면 굳이 지금 화를 내며 아들을 다그칠 필요는 없습니다. 아들은 언젠가 부모 곁을 떠납니다. 어엿한 성인이 되어 부모 품을 떠나가는 아들의 미래를 상상하면서 지금의 모습을 따뜻하게 지켜봐 주세요.

아들이 여자인 엄마와 다른 특성의 소유자임을 이해하고 "왜 그럴까?", "어떻게 하고 싶어?" 하는 질문을 웃으며 던지는 엄마라면, 그 아들은 분명 삶을 멋지고 당당하게 꾸려가는 남자로 성장할 것입니다.

· ⑨ Point ·

아들이 스물네 살쯤 됐을 때 자연스럽게 바뀔 일이라면 지금 당장의 실수는 너그럽게 넘어가주세요. 아들의 자립심을 도와주는 질문을 하면서 따뜻하게 지켜봐 주세요.

부록

화내지 않고
웃으면서
아들 키우기
Q&A

Q1. 아들이 실수할 때마다 자꾸 뒷수습을 해주게 돼요

A. 눈에 넣어도 아프지 않은 내 아이. 더욱이 철부지 아들은 천진난만하고 엉뚱한 구석이 많아 아무리 짓궂은 말썽을 부려도 귀엽고 사랑스럽기만 합니다. 그러나 평생 챙겨줄 수는 없는 노릇이죠. 아무리 금쪽같은 자식이라도 30~40대가 되어서까지 부모 밑에서 의지하는 캥거루족이 되기를 바라진 않을 테니까요.

초등학생 때까지는 아직 사리 분별이 힘들어요. 어느 정도 부모 손길이 필요한 게 사실입니다. 하지만 아들이 중학생이 되었다면 한 발짝 물러서서 지켜봐 주세요. 실수했을 때 부모가 다 수습해주면 아들은 어른이 되어서도 스스로 아무것도 결정할 줄 모르는 무기력한 인간이 되고 맙니다. 사춘기 이후부터는 적당히 거리를 유지하면서 자기 일을 스스로 결정할 수 있도록 기회를 주는 것이 진정 아들을 위한 길입니다.

저는 아이가 어릴 때부터 학원을 경영한 터라 함께 보낼 시간이 적었습니다. 아침밥은 대충이라도 차려주었지만, 저녁밥까지 직접 챙기기는 너무 힘든 일이라 고민을 했어요. 그렇다고 무리하면서까지 아이의 식사를 챙겨주지는 않았습니다. 아이는 은연중에 엄마가 자신에게 할애할 시간이 많지 않음을 인식했고, 퇴근이 늦는

날에는 스스로 식사를 준비하는 등 독립적인 모습을 보여주었지요.

아들이 '엄마도 엄마 일이 있으니 항상 나를 챙겨줄 수는 없다'는 사실을 깨달으면 자연스럽게 자기 일을 챙기기 시작합니다. 혼자서는 아무것도 못 할 것 같은 어리고 미숙한 아이도 언젠가 부모 곁을 떠나는 법입니다. 과잉보호의 울타리 안에서 자라 스스로 아무것도 못 하는 어른으로 키울지, 시행착오를 반복하겠지만 성숙하고 독립적인 어른으로 키울지, 어느 쪽을 선택하시겠어요? 아들을 주체적인 인간으로 키우고 싶다면 크고 작은 시련을 겪으며 성장할 기회를 주세요.

Q2. 아들이 걸핏하면 준비물을 빠뜨리고 학교에 가요

A. 아이가 실수해도 도와주지 마세요. 아이가 준비물을 빼놓고 학교에 가면 수업 시간에 창피를 당할까 봐 부리나케 학교로 달려가는 엄마가 적지 않습니다. 하지만 이는 결코 아이를 돕는 행동이 아닙니다. 그대로 두면 아이 스스로 여러 가지 궁리를 하며 해결책을 모색하기 마련입니다. 그 기회를 막지 말아주세요.

한 남자아이가 체육복을 깜박 잊고 학교에 갔습니다. 엄마가 별

다른 행동을 하지 않았더니 아이는 다른 반 친구에게 체육복을 빌렸다고 합니다. 어떤가요. 엄마가 나서지 않아도 아이는 스스로 해결해냅니다. 물론 방법을 찾지 못해 창피를 당하거나 크게 혼날지도 모릅니다. 하지만 자신의 잘못으로 불이익을 당하는 경험도 살면서 필요합니다. 그래야 다음부터는 스스로 준비물을 꼼꼼히 챙기게 될 테니까요.

준비물을 잊어버리지 않도록 스스로 챙기는 것도 중요하지만, 잊어버렸을 때 어떻게 대처할지 스스로 생각하는 것이 더욱 중요합니다. 자신이 저지른 일을 스스로 수습하면서 성장한 아이야말로 세상을 꿋꿋하게 헤쳐나가는 듬직한 어른이 될 것입니다.

물건 챙기는 능력은 어떻게 키워야 할까요? 학교 준비물은 종이에 크게 적어서 문 앞에 붙여놓고 전날 밤에 점검하도록 해주면 도움이 됩니다. 반드시 가져가야 할 중요한 물건이라면 아들의 손등에 적어두어도 좋아요. 꾸준히 반복하면 점점 아들도 실수가 줄어듭니다.

잊지 마세요. 아들이 준비물을 빠뜨렸다면 문제해결 능력을 키우는 훈련이라고 생각하고 스스로 대처하도록 기회를 주세요.

Q3. 아들이 가짜로 울음을 터트리거나 꾀병을 잘 부려요

A. 이런 행동을 하는 아들이라면 "너라면 할 수 있어!" 하고 아낌없는 응원과 지지를 보내주세요. 응석받이로 자란 아들의 공통점 중 대표적인 것이 가짜 울음과 꾀병입니다. 저는 학원에서 가르치다가 아이가 가짜 울음을 터트리거나 꾀병을 부리면, 일단 그 장소에서 아이를 분리한 다음 "다시 참가하고 싶어지면 말해줘" 하고 말하고 일절 관심을 두지 않습니다.

아이 스스로 태도를 바꾸어 "이제 하고 싶어요" 하고 말했을 때만 "그럼 함께해보자" 하고 말하고 아이를 이끌어주죠. 남자아이에게 이런 방식으로 대응을 하는 이유가 있습니다. 스스로 자기 기분을 다스리지 못하는 아이는 성숙한 어른으로 자라지 못하기 때문입니다.

주변에 걱정을 끼치는 사람은 기본적으로 자존감이 낮고 인정 욕구가 강합니다. "괜찮니?", "힘들겠구나" 하는 말을 들으며 관심을 받고 싶은 것이죠. 이런 사람들은 끊임없이 타인의 애정을 갈구하며 관심 끄는 행동을 합니다. 동정 어린 시선을 받으면 당장은 좋겠지만, 냉정히 생각해보면 남의 동정을 받는 일이 궁극적으로 자신에게 무슨 도움이 되겠어요.

"자네가 이 일을 해낼 수 있을지 걱정이 되지만 일단 한 번 맡겨 보겠네."

"자네라면 해낼 수 있어! 잘 부탁하네."

성숙한 성인이라면 동정이나 일시적인 관심 대신 이런 말을 듣고 싶어할 겁니다. 자존감 높은 아이는 남의 인정에 연연해하지 않습니다.

아들이 울먹이거나 아픈 척을 하며 도전을 주저한다면 "정말 괜찮겠니?" 하며 걱정 섞인 반응을 보이기보다 "괜찮아, 넌 할 수 있어!", "우리 아들 파이팅!" 하고 응원과 지지를 보내주는 것이 좋아요. 아들의 자존감을 키우는 첫걸음은 부모가 해주는 긍정적인 말입니다.

Q4. 아들에게 생각하는 힘을 키워주고 싶어요

A. 평소에 "왜 그럴까?" 하는 질문을 건네며 아들에게 스스로 생각할 기회를 주세요. 아들이 머뭇거리는 모습에 답답한 나머지 부모가 대신 바로 답을 알려주는 건 아무런 도움이 되지 않습니다. 생각하는 힘을 키우려면 스스로 생각하는 경험을 많이 쌓아

야 하니까요.

아이가 1/2과 3/6의 차이를 잘 모른다고 해볼까요. 가르쳐주지 않아도 어느 날 함께 피자를 먹다가 아이가 무심코 '그러고 보니 1/2과 3/6이 같네' 하고 깨닫게 될지도 모릅니다. 스스로 깨우친 원리에 흥미를 느낀 아이는 일상에서 다른 경우를 신나게 찾아볼 테죠. 재미를 붙이면 시키지 않아도 열심히 몰입하는 게 남자아이의 특성이니까요.

아들이 무언가 질문하면 "흥미롭네. 넌 이유가 뭐라고 생각하니?" 하고 질문을 되돌려주며 호기심을 자극해보세요. 이때 포인트는 생각할 것이 있는 질문을 던지는 것입니다. 부모가 지나치게 세세히 설명해주면 남자아이는 오직 답만을 알려고 합니다. 답에 이르는 과정을 유추하는 일 자체를 귀찮아하게 되죠. 생각하는 힘을 키워주려면 '답이 궁금하다→엄마에게 물어본다→답을 찾아본다'와 같이 사고의 흐름이 이어지도록 하는 게 필요합니다.

학생 중에 국어 문제를 푸는데 "공식을 알려 주세요" 하고 당당히 요구하던 남자아이가 있었습니다. 그 아이 머릿속에는 '생각하는 과정'이 몽땅 빠져 있었죠. "그걸 생각하는 게 네가 할 일인데?" 하고 말하니 돌아온 대답이 걸작이었습니다.

"그런 건 배우지 않아서 못 해요!"

아이의 말이 매우 당황스러웠죠. "배우지 않은 것을 하는 것도 공부야" 하고 말했지만 아이는 도통 이해하지 못하는 눈치였습니다. 하나부터 열까지 가르쳐주면 아이는 생각 자체를 안 하게 됩니다. 평소 생각할 것이 있는 질문을 던져서 아들이 스스로 생각하는 힘을 키우도록 이끌어주세요.

Q5. 아들의 적성을 찾아주려면 어떻게 해야 할까요?

A. 아들이 좋아하는 일을 많이 경험하게 해주세요. 저는 직업상 다양한 직업의 사람들을 만납니다. 그런데 그중에 좋아하는 일을 직업으로 삼은 사람은 극히 소수에 불과하더군요. 관심 있고 좋아하는 것을 찾지 못한 채 어른이 되어버렸고, 어쩌다 보니 현재 일을 하고 있는 사람들이 태반이었죠.

이런 사람들은 공통적으로 열정이 부족합니다. 열정이 부족하니 일도 오래 하지 못하죠. 그런 모습을 볼 때마다 느낍니다. 역시 사람은 좋아하는 것을 하면서 살아야 하는 존재라고 말이에요.

부모라면 누구나 아이가 좋아하는 일을 하면서 행복하게 살아가기를 바랍니다. 아들의 적성을 빨리 찾아주고 싶은가요? 그렇다면 아들이 어릴 때부터 다양한 분야를 접하게 해주세요. 경험해보고 흥미가 없으면 그만두면 됩니다. 싫은 일도 꾹 참고 끝까지 해내는 인내심이 필요하다고 말하는 부모가 있는데 이는 시대착오적 사고방식에 불과합니다. 바다의 모래알처럼 무한한 선택지 속에서 최대한 많은 경험을 두루두루 해봐야 자신이 좋아하는 것을 찾을 가능성도 커집니다. 좋아하는 일을 일찍 발견하는 사람이 행복한 인생을 보내기 쉽고요.

게임이라면 자다가도 벌떡 일어날 아들이라면, 열심히 게임 대회에 출전해 세계대회에서 활약하는 프로게이머가 될 수도 있고, 게임 스토리에 초점을 맞춰 스토리 작가가 되는 길도 있습니다. 아들이 유튜버에 관심이 있다면 실제로 원하는 걸 비디오 카메라로 촬영해서 스스로 영상을 편집해볼 수도 있겠죠.

어린 시절, 좋아하는 일을 찾기 위해 수많은 시행착오를 경험할 수 있다는 것은 축복입니다. 부모가 아들에게 다양한 기회를 제공하고 실패해도 괜찮다고 다독이면서 새로운 도전을 응원한다면, 아들은 분명 좋아하는 것을 발견하게 될 것입니다.

A. 부모 스스로 질문을 던져보세요. 아들이 원하는 학교에 시험을 본 후 떨어지거나, 설령 붙었다고 해도 적응하지 못해 도중에 자퇴하는 일이 생겼을 때 아들을 책망하지 않고 의연해질 자신이 있나요? 그렇다면 특목고 시험 준비를 시켜도 좋습니다. 경쟁이 치열한 학교를 목표로 한다면 평범한 공부의 양으로는 입학도 입학 후에도 어림없는 일이죠.

아들은 학교가 끝나자마자 학원으로 직행해 밤늦게 돌아와야 하고, 주말도 반납해가며 오로지 수험에 올인해야 합니다. 그만큼 피 터지게 열심히 공부해도 합격하는 아이는 소수에 불과하죠.

입학준비를 시작하기 전에 엄마가 아들의 성향을 미리 파악해보세요. 아들이 불합격해도 툭툭 털고 일어설 수 있는 단단한 정신력의 소유자라면 도전해보시기 바랍니다. 하지만 아들이 예민한 성격이라 실패했을 때 심리적인 타격이 커서 좀처럼 회복하기 힘들 것 같다면 추천하지 않습니다. 실패를 의연하게 받아들이지 못하면 이후 학교생활에도 부정적인 영향을 미칠 테니까요.

합격은 했더라도 아들이 치열한 경쟁 속에서 적응을 잘하느냐는 또 다른 문제입니다. 줄곧 상위권을 유지하던 아들이 전국의 우등생들만 모아놓은 학교에서 기대 이하의 성적을 받았다고 해볼까요. 아들이 받을 충격은 상상 이상입니다. 우수한 학생들 사이에서 성적을 올리기란 하늘의 별 따기만큼 힘든 일이죠.

만약 아들이 위축되고 더 버티기 어렵다고 호소한다면, 과감히 그만두고 일반 학교로 전학을 시키는 것도 하나의 방법입니다. 많은 엄마가 "어떻게 들어간 학교인데……" 하고 주저합니다. 하지만 아들의 미래를 위한다면 결단을 내려야 해요. 아들의 성향과 엄마의 결단력, 특목고는 이 두 가지를 모두 고려해본 뒤에 결정하는 게 바람직해요.

자신감 있는 아들로 키우는
부모의 힘

2018년, 저는 도쿄에서 유아와 초등학생 보육을 통합한 새로운 개념의 배움터 '테라코야 아넥스(Terakoya Annex)'를 열었습니다. 직원들과 설레는 마음으로 학생들을 맞이했죠. 그런데 7일째 되던 날, 다섯 살 남자아이 한 명이 문제를 일으켰습니다. 온갖 짜증과 심통을 부리면서 프로그램 참여에 비협조적이었습니다. 저는 그 아이를 불러 눈을 똑바로 바라보며 이야기했습니다.

"다른 사람에게 방해가 되니까 하기 싫다면 밖으로 나가렴."

잠시 뒤 밖에서 울음을 터트리는 소리가 들리더군요. 아마 그

아이에게 처음 겪는 시련이었을 겁니다. 외동아들인 아이는 한눈에 봐도 부모가 모든 응석을 받아주며 오냐오냐 떠받들어 키워온 듯 보였어요. 그래서 저는 더더욱 문제의 심각성을 느꼈습니다. 주변에 제대로 훈육하는 사람 없이 이대로 자란다면 오만하고 이기적인 어른이 될 게 불 보듯 뻔했으니까요.

여러 번 강조했지만, 부모가 단호한 의지를 보여야 아이가 부모 말을 수긍합니다. 아이가 규칙을 지키지 않고 엄마 말을 우습게 여긴다면, 엄마 스스로 먼저 규칙을 얼마나 잘 지켜왔는지 돌아봐야 합니다. 사정에 따라 규칙을 번복하는 엄마는 아이에 대한 통제력을 잃고 신뢰 관계도 무너집니다. 아이가 부모를 믿는 것, 이것이야말로 아이를 변화시킬 힘입니다. 그러려면 부모가 자신이 한 말에 책임을 지고 반드시 실천해야 합니다.

앞에서 소개한 다섯 살 남자아이는 이후 어떻게 되었을까요? 한참을 울먹이던 아이는 몇 분이 지난 후 스스로 걸어 들어와 "죄송합니다" 하고 정중히 사과했습니다. 현재도 열심히 공부 중이고요.

자신의 힘으로 한 걸음 앞으로 내딛는 경험을 한 남자아이는 자신감을 가지고 성장합니다. 여러분의 아들도 그렇게 될 수 있습니다. 사랑하는 아들을 이해하고 싶어 하는 수많은 부모님들에게 이 책이 도움이 되기를 바랍니다.

아들 공부법

초판 1쇄 인쇄 2019년 9월 25일
초판 1쇄 발행 2019년 9월 30일
—
지은이 고무로 나오코
옮긴이 나지윤
—
펴낸이 한선화
—
펴낸곳 엔의서재
출판등록 제2018-000344호
주소 서울 마포구 월드컵북로 400 5층 21호
전화 070-8670-0900
팩스 02-6280-0895
이메일 annesstudyroom@naver.com
블로그 blog.naver.com/annesstudyroom
인스타그램 @annes.library
—
ISBN 979-11-966585-6-4 13590
© 고무로 나오코, 2019, Printed in Korea

이 도서의 국립중앙도서관 출판예정도서목록(CIP)은 서지정보유통지원시스템
홈페이지(http://seoji.nl.go.kr)와 국가자료공동목록시스템(http://www.nl.go.kr/kolisnet)에서
이용하실 수 있습니다. (CIP제어번호: 2019033783)